차의 과학과 문화

차의 과학과 문화

2016년 8월 25일 초판 1쇄 인쇄
2016년 8월 30일 초판 1쇄 발행

지은이 조기정, 박용서, 마승진
펴낸이 권혁재

편집 조혜진, 권이지, 김경희
출력 CMYK
인쇄 한일프린테크

펴낸곳 학연문화사
등록 1988년 2월 26일 제2-501호
주소 서울시 금천구 가산동 371-28 우림라이온스밸리 B동 712호
전화 02-2026-0541~4
팩스 02-2026-0547
E-mail hak7891@chol.net

ISBN 978-89-5508-348-4 03590

차의 과학과 문화

조기정 · 박용서 · 마승진 지음

학연문화사

머리말 🍃

    차(茶)는 우리나라에서 가장 오래된 전통음료 중의 하나로 1,400년 이상의 역사를 가지고 있다. 차를 다려 마시는 방법(음다)과 절차(다례)는 한국인의 문화와 풍습을 형성하는데 크게 영향을 끼쳤으며 내적 수양도구로서 정신문화를 일구어 내기도 하였다. 그러나 일제강점기와 근대기를 거치면서 혼란, 식량부족 등의 여러 가지 이유로 술과 커피에 주도권을 빼앗긴 채 그 명맥만 유지하고 있다가 1980년 이후 경제적 여유와 웰빙트렌드에 힘입어 건강식품으로써 녹차의 수요가 증대되었다. 이 과정에서 우리차를 지켜 온 수많은 선각자들의 차 문화 중흥의 꿈과 기업형 차 산업화의 소망이 어우러져 음료시장에서 녹차 비중이 점차 확대되어 왔다. 특히 차문화계가 활성화 되면서 차문화 단체의 차 생활 보급 활동이 강화되어 왔으며 차를 원료로 한 다양한 상품개발, 다원의 아름다운 경관을 활용한 관광 산업화 등으로 발전되어 오고 있다. 그러나 시장 성장 가능성과 산업으로서의 중요성에도 불구하고 우리나라 차 산업은 세계의 차 생산국들에 비해 경쟁력이 크게 뒤떨어져 있다. 특히, WTO 농업 협상에 의한 농산물시장 개방과 함께 티백용 녹차와 발효차 등 저 관세 차 제품의 수입이 증가함에 따라 우리의 차나무 재배 생산기반과 차 제조 산업이 크게 위축되고 있다.

    또한, 이제까지 식품과 음료, 우리 문화에 관한 학교교육에서도 우리의 차가 소홀하게 취급되었던 것은 매우 안타까운 일이다. 차에 관한 교육을 통하여 우리 전통문화의 계승, 발전을 통한 민족의 정체성 유지 뿐 만아니라 지역산업과 연계된 차 산업에 대한 지식을 습득함으로서 지역사회의 발전과 봉사에도 도움이 될 것이다. 뿐만 아니라 차를 통하여 건강한 생활과 건전한 생활습관을 형성하는 것 또한 기대할 수 있을 것이다. 이 책은 교육현장에서 차의 과학과 문화에 대해 관심이 있는 대학생이나 일반인들의 이해를 돕기 위한 입문서로 활용될 수 있도록 기술되었다. 제한된 여건에서 차에 대한 방대한 이야기를 모두 다루기는 쉽지 않지만 차의 기원과 유래, 우리나라를 비롯한 중국, 일본, 유럽 등 세계 각국의 차 문화 및 역사와 철학, 차의 종류와 성분, 인체에 대한 건강 효능, 기능성차와 대용차의 특성과 활용 등 차에 대한 인문사회과학적 지식과 자연과학적 지식을 폭넓게 담고자 하였다. 이 책을 통해 독자들이 차의 문화, 과학, 활용 등 전반적 분야에 대한 이해를 바탕으로 차를 통한 건강한 삶을 유지하는데 도움이 될 수 있기를 희망한다.

이 책을 집필하기 위해 많은 노력을 기울였으나 아직 부족한 점이 많을 것이라 생각한다. 여러분의 질책과 조언을 부탁드리며 미흡한 부분은 계속 보완해 나가고자 한다. 끝으로 이 책이 출간되기까지 격려와 조언을 주시고 자료와 사진을 실을 수 있도록 허락해 주신 많은 분들과 출간하는데 물심양면으로 도움을 주신 학연문화사 권혁재 사장님을 비롯한 직원 여러분께 진심으로 감사드린다.

2016년 8월
저자 일동

目 次

차문화

차의 과학

차 문화

I. 차문화 개론

1. 차의 기원과 전파

1) 차의 기원

(1) 편작(扁鵲) 기원설

편작은 괵(虢, BC 655년 멸망)나라 태자의 급환을 고쳐 죽음에서 살릴 만큼 솜씨가 뛰어난 명의였다. 편작은 8만 4천개의 약방문을 알고 있었던 아버지로부터 솜씨를 배웠는데, 6만 2천개의 약방문만 아들인 편작에게 전수하고 죽고 말았다. 이후 아버지 무덤 주위에서 차나무가 자라기 시작했는데, 이 차나무가 나머지 2만 2천개의 약방문을 대신했다고 한다.

(2) 기파(耆婆) 기원설

고대 인디아 왕사성(王舍城) 빙파사라왕의 아들이었던 기파는 다기시라 나라의 빈가라(賓迦羅)로부터 의술을 배우고 돌아와 석가모니의 풍병, 아나율(阿那律)의 실명, 아난(阿難)의 부스럼을 고친 명의로서, 장수의 신이며 의사의 조상으로 추앙을 받는 사람이다. 그런데 왕진으로 집을 떠나 있는 사이에 20세였던 그의 딸이 몹쓸 병으로 죽고 말았다. 기파가 후회하며 딸의 무덤에 약을 뿌렸는데 그곳에서 차나무가 돋아났다. 그래서 차나무를 스무살(卄)짜리 사람(人)의 나무(木)라고 하여 '茶'라고 쓰게 되었다고 한다.

　* 茶字의 破字(20+80+8=108 茶)

(3) 신농씨(神農氏) 기원설

신농씨는 식물을 맛보아 약초를 찾아내거나 나무를 잘라 구부려서 뇌사(耒耜, 고대의 농기구)를 만들어 백성들에게 농사를 가르쳤기 때문에 '농사의 신'으로 여겨 신농씨라 불렸으며, 불을 다스렸기 때문에 염제(炎帝)라고도 불렸다. 그는 백초(百草)를 맛보느라 하루에 일흔 번 독을 얻곤 했는데, 그때마다 찻잎을 먹어 해독을 했다고 한다.

(4) 달마(達磨) 기원설

고대 인디아로부터 선종(禪宗)을 전파하기 위해 중국으로 건너온 벽안의 달마는 시절인연이 도래하지 않아 주변으로부터 환영을 받지 못하자 9년 면벽(面壁)에 들어간다. 참선수행 중 졸음이 올 때마다 위의 눈꺼풀이 자꾸만 내려오자 달마는 위의 눈꺼풀을 아예 베어서 던져버렸는데, 그 자리에서 차나무가 자라났다. 그래서 차가 수마(睡魔)를 쫓는 각성음료로 인식되었다.

＊차의 이용 : 약용 – 식용 – 음용 – 공업용(착색용) – 식용 – 약용

2) 차의 전파

(1) 차의 원산지

차의 원산지에 대해서도 의견이 분분하였는데, 중국 원산지설과 인도 원산지설이 그것이다. 이러한 두 가지 주장이 설왕설래하던 중 네덜란드의 식물학자 코헨 스튜어트(Cohen Stuart)가 1919년에 '인도 아샘의 차와 중국의 차는 서로 다른 형질을 가지고 있으며, 잎이 큰 대엽종의 원산지는 인도·미얀마·월남·중국의 윈난(雲南)지방이고 소엽종의 원산지는 중국의 동부 및 동남부지역이다'라고 했다. 이어 All about tea 의 저자 워커스(W. H. Ukers)도 '차의 원산지는 중국의 윈난(雲南)·구이저우(貴州)·광시(廣西)까지의 지역과 인도·미얀마·태국·인도네시아 등을 포괄하는 동남아지역이다'라고 주장함으로써 원산지에 대한 다툼을 잠재우게 했다.[1]

(2) 차의 전파

茶(도)·茶(차)·檟(가)·蔎(설)·茗(명)·荈(천)·詫(타) 등 여러 명칭으로 지칭되던 차가 당나라 이후부터는 점차 차(茶)로 굳어지기 시작했다. 그런데 '차(茶)'字도 지역에 따라 발음이 달랐는데, 광뚱(廣東)에서는 차(cha)라고 발음했고 푸젠(福建)에서는 테(te)라고 발음했다. 중국에서 차가 세계 각지로 전파되면서 이러한 발음까지 함께 전파되었기 때문에

---

1) 차의 원산지에 대해서는 조기정·이경희 지음,《차와 인류의 동행》, 서우얼출판사, 2007, 212-214쪽 참조.

세계 각국의 차 발음에도 영향을
끼치게 되었다.

그림 I-1. 「茶」字의 여러 형태

광뚱의 차(cha)라는 발음은 주
로 육로를 따라 일찍이 아시아와
인근의 여러 나라로 전파되었고,
푸젠의 테(te)라는 발음은 17세기
이후부터 샤먼(厦門, 아모이)港을 통해 주로 유럽 여러 나라로 전파되었다. 다음의 표(표
I-1)를 통해 두 지역의 발음이 전파된 경로를 파악할 수 있다.

표 I-1. 세계 각국의 차 호칭

복건어계(해로)(福建語系(海路))			광동어계(육로)(廣東語系(陸路))		
복건(福建)	te	테	광동(廣東)	cha	차
말레이	the	테-	북경	ch'a	차-
세이론	they	테-이	조선	cha	채(sa 사)[2]
남인도	tey	테이	일본		
네덜란드	thee	테	몽고	chai	차이
영국	tea	티-	티벳	ja	자
인도	tee	테-	벵갈	cha	차
프랑스	the	테-	인도	chaya	차-야
스페인	te	테	이란	cha	
이태리			터어키	cay	차이
체코			그리스	ts,ai	차이
헝가리	tea	테아	알바니아	cai	차이
덴마크	te	테	아라비아	shay	시야
스웨덴			소련	shai	시야이(chai차이)
노르웨이			폴란드	chai	차이
핀란드	tee	테-	포루투칼	cha	차

---

2) 橋本實 著, 朴龍求 譯,《茶의 起源을 찾아서》, 경북대학교 출판부, 1997, 129쪽. 본 자료는 위의 내용을 인
   용하였으나 일본에서는 '차'를 '사'로 발음하기도 하지만, 우리나라는 '차'를 '사'로 발음하지는 않는다.

2. 차문화와 다도

1) 차문화의 정의

한국에서 차문화라는 용어가 처음 쓰이기 시작한 것은 1970년대였던 것으로 보인다.[3] 중국에서는 1984년에 처음 사용되었고, 타이완에서는 1987년에 사용하기 시작했다.[4] 이후 점차 사용이 늘어나면서 요즘은 차인들이 가장 일상적으로 사용하는 용어가 되었다. 하지만 아쉽게도 사용 초기부터 차문화에 대한 정확한 설명이 없어 누구나 그저 막연하게 사용하고 있는 실정이다. 그것은 문화라는 용어 자체가 그렇듯 차문화라는 용어 또한 알쏭달쏭하여 설명하기가 쉽지 않기 때문으로 여겨진다. 과거 우리는 다도(茶道)라는 용어 때문에 한 차례 심한 홍역을 치른 경험이 있다. 또한 아직도 다도와 다례(茶禮) 그리고 다예(茶藝)라는 용어를 놓고 한국과 중국 그리고 일본이 논쟁을 벌이고 있는 실정이다. 이러한 전철을 밟지 않기 위해서 뿐만 아니라 차문화계 내부의 결속을 위해서 어렵더라도 차문화에 대한 정확한 설명이 시급한 실정이다.

문화를 설명할 때 광의(廣義)와 협의(狹義)로 나누어 설명하듯 차문화 또한 광의와 협의의 구분이 있다. 광의의 차문화는 인류사회가 창조한 차와 관계되는 물질적인 자원과 정신적인 자산의 총화이기 때문에 응당 차의 자연과학적인 분야와 인문과학적인 분야를 모두 포괄한다.[5] 광의의 차문화는 이렇듯 물질과 정신 그리고 자연과학과 인문과학을 넘나드는 전형적인 중개문화(仲介文化)로서, 아속(雅俗)이 함께 즐기는 문화라고 할 수 있다. 중국 속담에 '개문칠건사(開門七件事)'라 하여 생활필수품으로 柴(땔나무), 米(쌀), 油(기름), 鹽(소금), 醬(간장), 醋(식초), 茶(차)를 들었다.[6] 또한 '문인칠건사(文人七件事)'라 하여 시인묵객

---

3) 李起潤 編著《저널리스트의 눈에 비친 茶道熱風》56쪽 참조. 또한 1979년 1월 20일에 창립된 한국차인연합회의 첫 번째 기능(사업)에 '전통 차문화 연구'가 들어있다.
4) 조기정, <중국 茶道의 형성과 변천 고찰>,《중국인문과학》, 제48집(2011), 397쪽.
5) 차문화에 대한 내용은 康乃 主編,《中國茶文化趣談》(2006), 高旭暉, 劉桂華 著,《茶文化學槪論》(2003), 于觀亭 編著,《茶文化漫談》(2003) 등을 참고.
6) '開門七件事'라는 속담이 언제부터 생겨났는지는 고증을 요한다. 南宋의 吳自牧이 지은《夢梁錄》에 '八件事'가 나오는데, '七件事'에 酒(술)가 추가되었다. 하지만 술은 생필품이 아니라 하여 元代에 酒를 빼버리고 '七件事'만 남았다. 때문에 일반적으로 '開門七件事'란 말은 吳自牧으로부터 비롯된 것으로 보고 있다.

들이 갖추어야 할 풍아(風雅)한 것으로 琴(거문고), 琪(바둑), 書(글씨), 畵(그림), 詩(시), 歌(노래), 茶(차)를 들었다.[7] 진정한 지자(智者)는 때로는 세속에 뛰어들 수도 있고 때로는 세속을 벗어날 수도 있는 것처럼, 차 또한 이렇게 물질과 정신세계를 자유롭게 왕래할 수 있었던 것이다. 차문화는 또한 물질성, 계승성, 시대성, 전세계성, 다양성 등의 기본적인 특성을 가지고 있다.[8]

광의의 차문화는 구체적으로 네 단계의 문화를 포괄한다. 첫째, 볼 수 있고 만질 수 있는 물질문화이다. 여기에는 차나무의 품종과 재배, 차의 가공과 보존, 차의 성분분석과 효능, 품차(品茶)에 필요한 물과 다기, 다정과 다실 등이 포함된다. 둘째, 차의 생산과 소비과정 중에 형성된 사회적 행위규범인 제도문화이다. 여기에는 차의 생산과 소비를 관리하기 위한 국가의 각종 관리정책들이 포함된다. 예로 당대(唐代)부터 시작된 각다제(榷茶制)와 송대(宋代)부터 청대(清代)까지 다마무역(茶馬貿易)을 관리하기 위한 다마사(茶馬司), 고려시대의 다소(茶所)와 다방(茶房)제도 등을 예로 들 수 있다. 셋째, 차의 생산과 소비과정 중에 사회적 약속으로 형성된 행위양식인 행위문화이다. 통상 행위문화는 다예, 다속, 다법 등의 형식으로 표출된다. 넷째, 차를 응용하는 과정 중에 배양된 가치관념, 심미적인 정취, 사유방식 등의 주관적 요소인 정신문화이다. 여기에는 품차에서 추구하는 심미적인 정취, 다례나 다예를 시연할 때의 분위기나 우아함, 다도, 다덕(茶德) 등이 포함된다. 이상의 네 단계 중에서 마지막의 정신문화가 차문화의 최고단계이자 핵심부분이라고 할 수 있다.

협의의 차문화는 인류사회가 창조한 차와 관계되는 물질적인 자원과 정신적인 자산 중에서 오직 정신적인 자산 분야만을 가리킨다. 때문에 협의의 차문화는 주로 차의 인문과학적인 분야에 치중하며, 주로 정신과 사회에 대한 차의 기능을 다룬다. 통상 우리가 차문화라고 할 때는 일반적으로 차에 대한 인문과학적인 내용을 가리키며, 인간과 사회에 대한 차문화의 가치기능을 강조한다. 때문에 일반적 의미에서 '차문화는 곧 협의의 차문화를 가리킨다'고 할 수 있다. 그간 논란이 되어왔던 다도나 다례 그리고 다예라는 용어들은 광의든 협의든 모두 차문화의 범주에 속한다. 하지만 엄밀하게 말하면 그 중에서도 협의의 차문화

---

7) '文人七件事'는 모두 風雅로운 것들인데, 어떤 사람은 歌와 茶 대신 酒와 花를 들기도 한다. 清代의 文人 張燦은 다음과 같은 시를 지어 수년간의 자신의 변화를 감탄했다. 琴棋書畵詩酒花, 當年件件不離他. 而今七事都更變, 柴米油鹽醬醋茶.

8) 《中國茶文化漫談》(2003), 2-8쪽 참조.

에 속한다고 할 수 있다.

2) 다도의 정의

다도의 범주를 고찰하기에 앞서 잠시 다도에 대한 정의를 살펴보기로 한다. 중국인들은 오랜 세월 노자의 사상인 "도가도(道可道), 비상도(非常道). 명가명(名可名), 비상명(非常名)"의 영향을 받아서 다도란 용어를 사용한 이래 누구도 이에 대해 정확한 정의를 내리지 않았다. 다시 말해 도(道)는 체계가 완벽한 사상과 학설이며 우주와 인생의 법칙과 규율이라고 보기 때문에 함부로 가볍게 언급을 하지 않았던 것이다. 또한 다도는 유(儒), 불(佛), 도(道) 삼가(三家)의 사상을 함께 융합해 광의성과 광범성을 갖추고 있어서 다도에 대한 개괄은 쉬운 문제가 아니었다. 더구나 과거에는 다도란 스스로 체득(體得)해가는 대상이었고 각자의 경지를 가늠하는 문제였기 때문에 굳이 정의를 내려 구체화시킬 필요가 없었다고 할 수 있다. 그래서 그런지 중국을 대표하는 사전이라 할 수 있는《신화사전(新華辭典)》,《사해(辭海)》,《사원(辭源)》 등에 다도란 항목 자체가 없다.[9]《중문대사전(中文大辭典)》에도 다도에 대해 "다기야(茶技也)."라고 극히 짤막하게 풀이하고서《봉씨문견기(封氏聞見記)》에 나오는 "인홍점지론광윤색지(因鴻漸之論廣潤色之), 우시다도대행(于是茶道大行), 왕공조사(王公朝士), 무불음자(無不飲者)."라는 대목을 짤막하게 소개했다.[10]《차문화대사전(茶文化大辭典)》에도 다도에 대해 "指茶的采制烹飲手段和飲茶的淸心(지차적채제팽음수단화음차적청심) · 全性(전성) · 수진공능(守眞功能)."이라고 설명하고서 교연(皎然)의 시에 다도란 용어가 최초로 출현했다며 <음다가초최석사군(飲茶歌誚崔石使君)>이란 시의 일부를 짤막하게 소개했다.[11]

그러나 대학과 대학원 등에 차문화 관련 학과가 생겨나 다도가 교육과 학습의 대상이 되면서 이를 구체화하지 않으면 안 되게 되었다. 그래야 사회적으로 공인을 받아 교육과 학습에 활용할 수 있기 때문이다. 그래서 80년대 차문화의 부흥에 따라 일부 학자들이 다도에 대해 정의를 내리기 시작했다. 대표적인 학자로는 오각농(吳覺農), 장만방(庄晚芳), 진향백

---

9) 縡塵 編著, 説茶(2002), 26쪽.
10)《中文大辭典》(1982), 1531쪽.
11)《中國茶文化大辭典》(2002), 864쪽.

(陳香白), 양자(梁子), 주문당(周文棠), 채영장(蔡榮章), 유한개(劉漢介), 나경강(羅慶江) 등을 들 수 있다.[12] 다도에 대한 이들의 정의는 각양각색이어서 공통점을 찾기도 어렵고 구체화하기도 쉽지 않다. 때문에 사회적 공인도 받을 수 없고 교육과 학습에도 활용하기가 어려워서 그저 소개하는 정도에 그치고 있는 실정이다.

사실 다도에 대한 정의가 각양각색인 것은 당연한 결과이다. 마치 "月印千江水(월인천강수), 천강월부동(千江月不同)."이라 표현할 수 있다. 마음으로 체득한 다도의 현묘한 경지는 고정적이고 경직된 개념이 아니다. 다도는 하늘에 뜬 달과 같고 사람의 마음은 강과 같아, 무수히 많은 강물에 비친 달의 모습이 다르듯 차인마다 다도에 대한 생각도 자연히 다를 수밖에 없는 것이다.[13]

다도에 대해 정의를 내리는 것은 이처럼 애쓴 만큼의 보람이 없는 작업이다. 그것은 다도에 대한 범주를 분명히 하지 않고서 다도에 대한 정의를 내린 결과로 볼 수 있다. 때문에 본고에서는 다도의 범주를 명확히 고찰한 후에 다도에 대한 정의를 내리고자 한다. 이렇게 한다면 다도에 대한 정의를 보다 구체화할 수 있어 사회적 공인도 받기 쉽고 교육과 학습에 활용하기도 쉬울 것으로 생각된다.

차를 마시는 행위는 4개의 단계로 나눌 수 있다.[14] 제1단계는 차를 해갈에 필요한 음료로 보고 마치 물을 마시듯이 차를 마시는 것으로 이를 '갈다(喝茶)'라고 하는데, 음다(飮茶)라고도 할 수 있다. 제2단계는 차의 색·향·미를 중시하여 수질과 화후는 물론이고 다구와 품미에 이르기까지 세세하게 격식과 예절을 갖추어 차를 마시는 것으로 이를 '품다(品茶)'라고 하는데, 품명(品茗)이라고도 할 수 있다.[15] 제3단계는 차를 마시는 환경과 분위기를 강조하여 다악(茶樂)과 다화(茶花)는 물론이고 차를 우리고 권하는 기교에 이르기까지 예술적 환경과 예술적 분위기에서 차를 마시는 것으로 이를 '다예(茶藝)'라고 한다. 제4단계는

---

12) 丁以壽, <中華茶道槪念詮釋>(2004), 98쪽.

13) 千江에 비친 달에 대한 묘사를 소개하면 다음과 같다. "浮光躍金", "靜影沈璧", "江淸月近人", "水淺魚讀月", "月穿江底水無痕", "江雲有影月含羞", "冷月無聲蛙自語", "淸江明水露禪心", "疏枝橫斜水淸淺, 暗香浮動月黃昏", "雨暗蒼江晩來淸, 白雲明月露全眞" 縡塵(2002), 28-29쪽.

14) 上揭書, 42쪽, 秦浩 編著《茶藝》(2001), 12쪽. 丁以壽(2004)는 中華茶道의 구성요소로 環境·禮法·茶藝·修行 등의 四大要素를 들었는데, 그 내용을 살펴보면 그것들이 구성요소이기도 하지만 한편으론 차를 마시는 단계로 볼 수도 있다.

15) 茗은 흔히 茶의 雅稱으로 쓰이는데, 茗은 茶의 高雅淸香을 대표한다. 《茶文化漫談》, 44쪽.

다사활동(茶事活動)을 통해 정신상의 향유와 인격상의 승화에 도달한다는 것으로, 차를 마시는 최고의 경지라고 할 수 있는데 이를 '다도'라고 한다.

이제 위에서 살펴본 4개의 단계를 토대로 다도의 범주를 정해보고자 한다. 다도의 범주를 명확하게 하기 위해서는 우선 다도를 광의와 협의로 구분하는 것이 보다 바람직하다고 본다. 문화라는 용어는 그 함의(含意)가 너무 광범위하여 정의하기가 쉽지 않기 때문에 흔히 광의와 협의로 구분하여 설명하는 것이 일반적인 것처럼 차문화도 최근 광의와 협의로 구분하여 설명하고 있다. 다도도 차문화처럼 광의와 협의로 범주를 구분하면 정의하기도 쉬워질 것이다.

다도는 큰 산과 같다고 할 수 있다. 우선 다도라는 큰 산을 위의 4단계로 구분하기로 한다. 다도라는 큰 산의 맨 아래 2-3부 능선까지는 갈다(喝茶)의 단계이고, 4-5부 능선까지는 품다(品茶)의 단계이며, 6-7부 능선까지는 다예(茶藝)의 단계이고, 마지막 정상까지가 다도의 단계이다. 넓은 범주의 다도는 이러한 4개의 단계를 모두 포함하고, 좁은 범주의 다도는 4개의 단계 중 맨 위의 제4단계만을 지칭한다. 환언하면 광의의 다도는 갈다(喝茶) · 품다(品茶) · 다예(茶藝) · 다도(茶道)를 모두 포괄하고, 협의의 다도는 산의 맨 꼭대기에 있는 다도만을 지칭한다는 것이다. 산에 오르는 과정이나 무술이나 기예 등을 연마하는 과정을 생각하면 이해가 쉬울 것으로 생각된다.

3) 차문화의 범위

광의의 차문화는 물질과 정신, 자연과학과 인문학을 포괄한다.

> 개문칠건사(開門七件事) : 柴(땔감), 米(쌀), 油(기름), 鹽(소금),
> 醬(간장), 醋(식초), 茶(차)
> 문인칠건사(文人七件事) : 琴(거문고), 琪(바둑), 書(글), 畵(그림),
> 詩(시), 歌(노래), 茶(차)

광의의 차문화는 구체적으로 네 단계의 문화를 모두 포괄한다.

물질문화 - 현실성 - 「갈다(喝茶)」: 품종, 재배, 가공, 저장, 성분, 효능, 다구, 다정, 다실 등

제도문화 - 사교성 - 「품다(品茶)」·「다례(茶禮)」: 각다제(榷茶制), 다마사(茶馬司), 다소(茶所), 다방(茶房) 등

행위문화 - 예술성 - 「다예(茶藝)」: 다속(茶俗), 다법(茶法) 등

정신문화 - 수행성 - 「다도(茶道)」: 다덕(茶德), 선차(禪茶), 행다시(行茶時)의 심미적 분위기 등

협의의 차문화는 네 단계의 문화 중 제도문화, 행위문화, 정신문화만을 지칭한다.

4) 차문화와 다도의 관계

다도에도 광의와 협의의 구분이 있는데, 광의의 다도는 갈다(喝茶), 다례(茶禮), 다예(茶藝), 다도(茶道)를 모두 포괄하고, 협의의 다도는 다도만을 지칭한다. 광의의 차문화와 광의의 다도는 상호 일치하기 때문에 혼용해도 좋지만 협의의 차문화와 협의의 다도는 상호 불일치하기에 사용할 때 주의를 요한다.

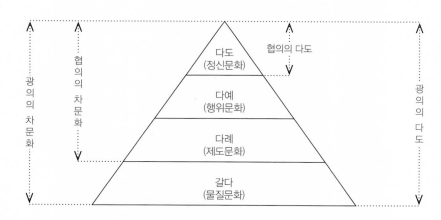

그림 I-2. 차문화와 다도의 관계도

3. 차문화의 가치

1) 정신적 가치

차문화의 정신적 가치는 차의 수행성을 강조하는 측면에서 차문화의 종교적 가치를 지칭하는 것이 일반적이다. 이는 차문화가 포괄하는 네 가지 문화 가운데 정신문화(협의의 茶道)의 가치를 일컫는다. 차를 흔히 '정신음료'라고 하는 것도 바로 차문화의 정신적 가치를 표현한 것이라고 할 수 있다.

차는 종교와 결합되면서 점차 美化되고 神聖化하였다. 도교에서는 궁극적 목표인 불로장생의 실천적 방안으로 '다도일여(茶道一如)'를 강조하였다. 莊子는 구도의 방법으로 심제(心齋) · 전일(專一) · 좌망(坐忘)을 제시하고서 茶道를 통해 득도할 수 있다고 보았다. 중국에서 차가 문화로 수용되어진 원인의 하나로 도교를 들 수 있는데, 때문에 차문화에는 도교의 은일사상(隱逸思想)과 신선사상(神仙思想)이 다분히 내포되어 있다.

공자는 유가의 이상적 인간으로 군자를 설정하고서 군자의 실천철학으로 격물(格物) · 치지(致知) · 성의(誠意) · 정심(正心) · 수신(修身) · 제가(齊家) · 치국(治國) · 평천하(平天下)를 강조하였다.[16] 유가에서는 다사(茶事)의 실천이 곧 군자수양의 길이라 여겨서 수신(修身)의 다도를 중시하였고, 치우침이 없는 다사(茶事)의 실천이 곧 유가의 중도사상(中道思想)을 체득하는 것으로 여겼다. 유가에서는 다성(茶性)이 인간에게 善을 베푼다는 이른바 다덕(茶德)으로 청덕(淸德) · 군자되게 하는 덕 · 예(禮)의 덕 · 의(義)의 덕 등을 들었다.[17]

도교에서 주창한 영생불사를 신봉해 황제들을 중심으로 금단(金丹)의 복용이 唐代 중엽까지 유행했는데, 금단을 복용한 황제들이 수은중독으로 인해 비명횡사하면서 차츰 금단의 폐해가 드러나게 되었다.[18] 이때 육우(陸羽)가《다경(茶經)》을 지어 차의 해독성(解毒性)을 갈파하면서 차가 갑자기 선약(仙藥)으로 인식되기 시작했다. 이를 계기로 唐代 중기 이

---

16)《大學》의 修己治人의 여덟 조목.

17) 정영선,《다도철학》, 너럭바위, 1996, 57-90쪽.

18) 비명횡사한 황제들로는 태종(52세), 헌종(43세), 목종(30세), 무종(33세), 선종(50세) 등을 들 수 있다.

후 비로소 차문화가 형성되었다.[19] 사찰의 비대화로 인해 불교탄압이 이어지면서 새로운 내용의 불교라고 할 수 있는 이른바 달마에 의해 주창된 선불교(禪佛敎)가 민간을 중심으로 점차 유행하게 되었다. 선불교가 차를 수용하고 차가 선불교를 만나면서 다선일여(茶禪一如)·다선일미(茶禪一味)·다선삼매(茶禪三昧)·다불일여(茶佛一如)·끽다거(喫茶去)·조주청다(趙州請茶)·조주다풍(趙州茶風) 등의 용어가 일시에 널리 유행하게 되었다.

일본의 오카꾸라 덴신(岡倉天心, 1862-1913)은 그의 저서인 《The Book of Tea》에서 "상아빛 자기 속에 흐르는 호박색 액체 속에서 공자(孔子)의 그 감미로운 과묵(寡默), 노자(老子)의 실랄함, 그리고 석가모니의 영묘한 향기를 느끼게 되리라."고 하여 차의 종교성 즉, 차의 정신적 가치를 강조하였다.[20] 이를 통해 차문화의 정신적 가치는 위에서 살핀 차문화가 포괄하는 네 가지 문화 즉, 물질문화·제도문화·행위문화·정신문화 가운데 정신문화 분야의 가치라고 할 수 있다. 《다신전(茶神傳)》의 <飮茶>에서는 "손님이 적은 것을 귀하게 여긴다(以客小爲貴)"라고 설명하면서 "혼자서 마시는 것을 신이라 한다(獨啜曰神)"고 하였다.[21] 동방에서는 이처럼 홀로 차를 마시는 것을 최고의 경지로 보고, 함께 마시는 사람의 수가 많아질수록 점점 더 낮은 경지로 보았다. 이를 통해 차의 정신적 가치는 서방보다는 동방에서 더욱 중시되었다고 할 수 있다.

---

19) 차문화의 형성여부를 판단하는 다섯 가지 표준으로 차의 생산규모, 과학적 이론체계의 형성, 정신영역에서의 완벽한 구현, 충분한 著作성과, 茶政의 시행 등을 들 수 있다. 于觀亭 編著, 앞의 책, 2003, 28쪽.

20) 오카쿠라 덴신은 평론가, 미술사가, 교육가로서 동양의 미술과 사상, 그리고 문화를 구미(歐美)에 적극적으로 소개했다. 《The Book of Tea》는 1906년 미국에서 영어로 써서 서양의 독자들에게 차의 정신과 분위기는 물론 아시아의 생활과 사상을 소개한 책이다. 오카쿠라 덴신 저, 정천구 역, 《차의 책》, 산지니, 2009, 18쪽 재인용.

21) 草衣, 《茶神傳》 <飮茶> "차를 마실 때에는 손님이 적은 것을 귀하게 여긴다. 손님이 많으면 시끄럽고, 시끄러우면 아취가 없어진다. 혼자서 마시는 것을 신이라 하고, 손님이 둘이면 빼어나다고 하며, 서넛은 즐겁다라고 하고, 대여섯은 평범하다라고 하며, 일곱 여덟은 나누는 것이다(飮茶以客小爲貴 客衆則喧 喧則雅趣乏矣 獨啜曰神 二客曰勝 三四曰趣 五六曰泛 七八曰施)." 초의 저, 통광 역, 《艸衣茶禪集》, 불광출판부, 1996, 66-67쪽.

2) 예술적 가치

차문화의 예술적 가치는 차의 예술성을 강조하는 것으로 감성적인 측면이 농후하다. 차문화가 지니는 예술성이 인류를 행복하게 해주기 때문에 예술적 가치를 증대시키기 위해 다양한 분야가 동원되어 인류의 감성을 자극하는 것이다. 여기에는 다시(茶詩)·다화(茶花)·다악(茶樂)·다서(茶書)·다무(茶舞)·다구(茶具)·다실(茶室)·다복(茶服) 등이 포함된다. 차문화의 정신적 가치는 내보이기가 어려운 반면 예술적 가치는 행위로써 다양한 표현이 용이하기 때문에 차의 홍보에 활용되기도 한다. 실제로 1970년대 석유파동으로 인해 차의 수출이 막히자 타이완에서는 국내소비를 진작시키기 위해 茶道 대신 茶藝란 용어를 사용해 차를 홍보한 적이 있다.[22] 차문화의 예술적 가치는 차문화가 포괄하는 네 가지 문화 가운데 행위문화 분야의 가치라고 할 수 있다.

우리네 생활 속에서는 늘 행복과 불행이 교차하는데, 불행한 경우는 예술의 힘을 빌려 이를 떨쳐버려야 한다. 예술이야말로 불행을 떨쳐버리고 정신적 자유에 이를 수 있는 가장 좋은 지름길이기 때문이다. 누구보다도 파란만장한 삶을 살았던 소동파(蘇東坡, 1037-1101)는 영생불사의 팔방미인이라 할 수 있다.[23] 宋代 3대 茶人에 들만큼 차를 즐겼던 동파야말로 타고난 재능과 예술을 통해 자신의 불행을 떨쳐버렸던 대표적 인물이라 할 수 있다.

차문화의 예술적 가치를 십분 활용하여 소비자들의 감성을 자극했을 경우 차의 매출은 급성장할 수 있다. 커피의 습격으로 녹차가 눈물을 흘리던 2011년 2월 5일과 6일에 KBS1에서 방영했던 설날특집 '일상의 기적' 이후 녹차가 불티나게 팔린 사실이 이를 증명하고 있다.[24] TV다큐멘터리 한 편의 위력이 이럴진대 멋진 차문화를 다룬 영화 한 편의 효과는 상상을 초월할 것이라 확신한다. 중국영화 '적벽대전(赤壁大戰)'이 이미 이를 증명한 셈이다.

반대로 차문화의 예술적 가치를 과소평가하여 소비자들의 트랜드를 읽지 못했을 경우 차의 소비는 위축될 수밖에 없다. 소비자들은 다양한 컬러를 요구하는데 녹색만을 고집해서는 안 된다. 소비자들은 다투어 간소(簡素)와 편리(便利)를 추구하는데 고집스럽게 정통 다도만을 주장해서도 안 된다. 소비시장에서는 버블티(bubble tea) 열풍이 불고 있는데 전

---

22) 조기정, 《한·중 차문화 연구》, 학연문화사, 2014, 175-176쪽.
23) 류종목, <팔방미인 소동파>, 《중국어문학》, 제49권, 2007, 507-522쪽.
24) 조기정, 앞의 책, 2014, 96쪽.

통차만을 고집해서도 안 된다. 1908년 토머스 설리번이 개발한 티백(tea bag)이 20세기 최고의 발명품이라 불리는 사실은 물론이고, 400만 톤에 달하는 세계 전체 차의 소비량 중 350만 톤이 홍차이며, 소비되는 홍차의 80%가 티백이라는 사실에도 주목을 해야만 한다. 우리 차가 눈물을 흘리는 것은 다 그럴만한 이유가 있다고 본다. 우리도 차문화의 예술적 가치를 중시하면서 하루빨리 소비자의 감성에 호소할 수 있는 구체적인 방안들을 강구해야 한다.

3) 사회적 가치

차문화의 사회적 가치는 차의 사교성을 강조한 것이다. '인간은 사회적 동물이다.'라는 말이 있는데, 이 말의 의미는 인간은 사교와 소통을 통해서 완성된다는 뜻을 내포하고 있다. 차가 사교(社交, social intercourse, 사회적 교제)와 소통을 함에 있어 중요한 매개체 역할을 한다는 것이다. 이차교우(以茶交友), 이차경객(以茶敬客), 이차대객(以茶待客) 등과 같은 말들은 차문화의 사회적 가치를 적절히 표현했다고 할 수 있다. 그런데 사교나 소통의 대상이 반드시 친구나 손님에 국한되지만은 않았고 조상이나 각종 신들까지도 포함되었다. 그래서 이차제조(以茶祭祖), 차제(茶祭), 헌다(獻茶) 등과 같은 말도 생겨나게 되었다.

이처럼 사교나 소통에는 일정한 상대가 있기 마련이기 때문에 상대에 어울리는 사회적 규범인 이른바 예의범절과 제도 등이 필요하다. 사교나 소통을 함에 있어 차가 중요한 매개체 역할을 하기 때문에 차문화에도 상대를 배려하는 차원에서 여러 종류의 예의범절과 제도 등이 생겨나게 되었다. 차문화에서의 예의범절과 제도 등을 표현한 말로는 茶禮·茶儀·茶法·茶政 등을 들 수 있다. 이를 통해 차문화의 사회적 가치는 차문화가 포괄하는 네 가지 문화 가운데 제도문화분야의 가치라고 할 수 있다.

홍차문화를 세계적 차문화로 꽃을 피운 영국인들은 "혼자서 마시는 차는 쓸쓸하고, 둘이서 마시는 차는 정겹고, 셋이서 마시는 차는 즐겁고, 온 가족이 마시면 행복하다"고 말한다. 이 말은 네덜란드에서 유래된 'Dutch Party'라는 말과도 일정부분 관련이 있어 보인다. 차가 처음 서방에 알려질 당시에는 고가의 차와 다기 일체를 모두 수입에 의존해야만 했다. 때문에 Tea Party를 열기 위해서는 각자의 역할분담이 필요했던 것이다. 이처럼 각자에게 부과된 차나 다기 등을 가지고서 Tea Party에 참가하였는데 이를 'Dutch Party'라고 했다. 이를

통해 서방에서는 차문화의 사회적 가치가 중시될 수밖에 없었다고 할 수 있다.[25]

차문화의 사회적 가치를 가장 감동적인 언어로 표현한 책이 있어 소개하고자 한다. 《Three Cups of Tea》라는 책인데, 우리나라에서는 《세 잔의 차》라는 번역본으로 출판되었다.[26] 등반가였던 모텐슨(Greg Mortenson)은 사랑하는 여동생의 죽음을 기리기 위해 세계 제2봉인 K2 등정에 나섰다가 조난을 당하고 만다. 생사의 기로에서 히말라야 발티스탄의 작은 마을사람들에 의해 구조된 모텐슨을 향해 촌장 하지 알리(Haji Ali)는 뜨거운 버터차를 후후 불면서 다음과 같이 말한다.

발티 사람과 처음에 함께 차를 마실 때, 자네는 이방인일세. 두 번째로 차를 마실 때는 영예로운 손님이고. 세 번째로 차를 마시면 가족이 되지. 가족을 위해서라면 우리는 무슨 일이든 할 수 있네. 죽음도 마다하지 않아.[27]

촌장 하지 알리는 모텐슨에게 세 잔의 차를 함께 마실 시간이 필요함을 강조하면서 학교를 짓는 것 못지않게 인간관계의 소중함을 일깨워 주었다. 모텐슨은 촌장인 하지 알리가 평생 가장 귀중한 것을 가르쳐주었다면서 미국인들의 조급한 이슬람정책을 꼬집는다. 또한 현장의 인부들에게서 배울 것이 자기가 감히 가르쳐줄 수 있는 것보다 훨씬 많다는 것을 깨닫게 된다.

---

25) 영국 찰스 2세에게 시집온 포루투갈의 캐더린 공주가 남편의 바람기 때문에 차회를 통해 긴긴 밤의 고독을 달랬던 점도 이러한 예로 들 수 있다.

26) Greg Mortenson · David Oliver Relin,《Three Cups of Tea》, Penguin Books, 2006. 《Three Cups of Tea》는 히말라야 산간마을 사람들과의 작은 인연으로 시작된 기적과도 같은 학교 짓기 여정을 기록한 것으로, 출간 이후 82주 넘게 뉴욕 타임스 베스트셀러 1위를 지켰으며, <USA 투데이> 베스트셀러 순위에도 95주 이상 올라 화제가 되었다. 또한 타임지가 선정한 올해의 아시아책, 2007년 키리야마상 등의 영예를 안았다. 이 책은 29개 언어로 번역 출판되었으며, 우리나라에서는 2009년도에 '그레그 모텐슨 · 데이비드 올리버 렐린, 권영주 옮김, 《세 잔의 차》, 이레'로 번역 출판되었다.

27) 그레그 모텐슨 · 데이비드 올리버 렐린, 권영주 옮김, 앞의 책, 2009, 219쪽(Greg Mortenson · David Oliver Relin, 앞의 책, 2006, 150쪽. "The first time you share tea with a Balti, you are a stranger. The second time you take tea, you are an honored guest. The third you share a cup of tea, you become family, and for our family, we are prepared to do anything, even die").

4) 물질적 가치

차문화의 물질적 가치는 차문화의 현실성과 차의 과학적인 분석을 강조한 것으로, 차문화의 정신적 가치와 대비되는 가치라고 할 수 있다. 차가 종교에 수용되면서 차츰 美化되고 神聖化하였는데, 이 과정에서는 차문화의 정신적 가치가 중시되었다. 때문에 당시에는 과학적 분석보다는 각자의 오랜 경험을 통해 茶性을 깨달아 차의 功德을 칭송했다.[28] 과학적 분석이 결여된 이러한 공덕들의 내용은 다분히 추상적일 수밖에 없었다. 또한 오랜 차생활의 경험을 통해서 체득된 공덕들이기에 물질적 가치에만 국한되지도 않았다. 실제로 위에서 살펴본 공덕들에는 물질적 가치는 물론이고 정신적 가치, 예술적 가치, 사회적 가치 등이 모두 포함되어 있다.

근대 이후 과학의 발달로 말미암아 신비에 쌓여있던 차의 비밀들이 하나하나 벗겨지기 시작했다. 커피와 차의 주성분으로 알려진 카페인의 발견은 아이러니하게도 독일의 세계적인 문호 괴테의 호기심에서 비롯되었다. 커피중독자였던 괴테는 호기심도 많고 연구열도 강해 <식물변태론(植物變態論)> 같은 과학논문을 쓰기도 했는데, 당시 저명한 화학자였던 친구 데뷔라이너(J. W. Dobereiner)를 통해 그의 제자 룽게(F. F. Runge)를 소개받았다. 괴테는 룽게에게 모카커피(Mocha coffee) 콩을 주면서 성분분석을 의뢰했다. 이렇게 해서 룽게는 1819년에 인류 역사상 최초로 커피콩으로부터 카페인을 발견하게 되었다. 이후 프랑스의 화학자 우드리(K. Oudry)가 1827년에 소종차(小種茶)에서 테인(Thein)을 발견했다. 우드리는 자신이 발견한 테인이 카페인과 다른 화학성분인 것으로 알았으나 1829년 독일의 화학자 멀더(T. Mulder)와 욥스트(C. Jobst)에 의해 카페인과 같은 성분이라는 것이 밝혀졌다.[29]

세계사를 바꾼 음료 여섯 가지는 알코올음료인 맥주, 와인, 증류주와 카페인음료인 차, 커피, 콜라인데, 카페인음료가 알코올음료에 비해 훨씬 더 보편화된 음료이다. 카페인은 물에 잘 녹고 체내흡수가 빠른데, 기분을 맑게 해주고 활력을 증대시켜주며 잠을 쫓고 사고능력을 높여준다. 카페인 함량은 차보다는 커피가 많고, 녹차보다는 홍차가 또 홍차보

---

28) 차의 공덕을 칭송한 것으로는 유정량(劉貞亮)의 飮茶十德, 이목(李穆)의 五功六德, 묘에쇼닌(明惠上人)의 茶の十德, 응송 박영희의 九德 등이 있다. 조기정, 앞의 책, 2014, 110-113쪽.
29) 김종태, 《茶의 科學과 文化》, 保林社, 1996, 160쪽.

다는 티백이 더 많다. 음료는 특성과 기능에 따라 영양기능음료, 감각기능음료, 생체조절 기능음료로 구분되는데,[30] 식품화학의 덕택으로 차가 3가지 기능을 모두 갖춘 훌륭한 음료라는 것이 밝혀져 명실상부한 치유식품(Healing Food)의 대열에 합류하게 되었다. 때문에 차를 건강음료, 웰빙음료, 보험음료라고 부른다.

카페인의 뒤를 이어 차에 함유된 성분과 효능들이 차츰 밝혀졌는데, 현대과학과 의학에 의해 입증된 차의 효능을 열거하면 ① 항암효과 ② 노화억제 ③ 숙취제거 ④ 성인병 예방 ⑤ 피로회복 ⑥ 정신적 안정 ⑦ 중금속과 니코틴 해독 ⑧ 변비치료 ⑨ 세균감염 억제 ⑩ 충치예방 ⑪ 체질산성화 예방 ⑫ 비만방지 ⑬ 콜레스테롤 저하 등이다.[31] 최근 온 국민을 불안에 떨게 한 중동호흡기증후군(MERS, 메르스)도 차를 즐겨 마시면 이겨낼 수 있다는 연구결과[32]와 미국 MIT공대에서는 이미 녹차를 이용한 백신연구를 활발히 하고 있다는 내용이 소개되었다.[33]

위에서 살펴본 차의 여러 가지 효능을 근거로 미국《TIME》지는 2002년 '묻지도 따지지도 마라, 먹어두면 좋은 10대 슈퍼푸드'로 녹차를 선정하였으며, 2015년에는 행복감을 높이고 스트레스 지수를 낮추는 식품 6종 가운데 하나로 역시 녹차를 선정하였다. 차문화의 물질적 가치는 위에서 살펴본 차의 다양한 효능 이외에도 도자기 산업을 비롯한 각종 연관 산업에서도 찾아볼 수 있다. 최근 차와 찻씨는 물론 차나무와 다원에 대한 활용의 범위가 점차 확대되면서 차문화의 물질적 가치는 향후 더욱 증대될 것으로 전망된다.

---

30) 음료는 생명을 유지하기 위한 영양기능(1차기능), 색·향·미와 같은 감각기능(2차기능), 생체방어·질병의 예방과 노화방지·질병회복과 같은 신체조절기능(3차기능) 등으로 분류된다. 정병만, 《다시 보는 차 문화》, 푸른길, 2012, 219-220쪽.

31) 차의 효능에 대해서는 전남대학교 박근형교수가 격월간《茶人》잡지에 3년(2009-2011)에 걸쳐 기고한 내용을 참고했다.

32) 박근형·문제학, <차를 즐겨 마셔 메르스를 이겨내자>, 《茶人》, 통권 제177호, 2015년 07·08월, 74-77쪽.

33) 박권흠·이상희, <메르스 예방의 색다른 처방전>, 《茶人》, 통권 제177호, 2015년 07·08월, 18-23쪽.

Ⅱ. 중국의 차문화

1. 중국 다도의 형성과 변천

1) 중국 다도의 형성

진대(晉代)부터 차를 마시는 풍속이 성행했기 때문에 중국의 다도는 이때 이미 싹이 텄다고 말한다.[34] 이것은 당시 손님을 초대해 차를 대접하는 행위를 통해 차를 마시는 것이 이미 물질상의 요구뿐만 아니라 정신분야까지 제고되었다고 보기 때문이다. 이후 차가 제사에 사용되기도 하고 또 문학의 영역에까지 진입함으로써 다도의 성립을 촉진시켰다.[35] 당대(唐代)에는 다회(茶會)가 성행했는데 다회의 상황은 전기(錢起)의 시(詩)인 <과장손택여낭상인차회(過長孫宅與朗上人茶會)>에 잘 나타나 있다. 당시 성행했던 이런 다회를 조기 형태의 다도라고 볼 수 있다.[36]

다도라는 명칭은 교연이 그의 시 <음차가초최석사군(飮茶歌誚崔石使君)>에서 최초로 사용하였다. 그는 이 시에서 "다도라는 것이 그 참다움을 온전히 한다는 것을 누가 알았으랴? 오직 단구자가 있어 이와 같음을 얻었다"[37]라고 하며, "석 잔을 마시면 곧 득도 한다(三飮便得道)"는 이른바 '삼음지설(三飮之說)'을 내놓았다. 이 시에서 그는 다도란 명칭의 함의(含意)에 대해 구체적인 해석을 하지는 않았지만, 이 한 편의 시에 다도의 내용을 대부분 표현했다고 할 수 있다.[38]

봉연(封演)도 그의 《봉씨문견기(封氏聞見記)》에서 육우(陸羽)의 《茶經》을 소개하고, "상백웅(常伯熊)이란 사람이 있어 거듭 육우의 이론을 널리 윤색(潤色)함으로써 다도가 크게 유행하게

---

34) 丁以壽, <中華茶道槪念詮釋>(2004), 97쪽.
35) 于觀亭 編著, 茶文化漫談 (2003), 26-27쪽.
36) 上揭書, 44쪽.
37) 시의 맨 끝에 나오는 구절이다. "熟知茶道全爾眞, 唯有丹丘得如此."
38) 于觀亭, 前揭書, 44쪽.

되었다."[39]며 재차 다도란 용어를 사용하였다.[40] 다도란 용어가 이처럼 교연과 봉연에 의해 제창되는 것과 때를 같이하여 육우는 《다경》을 지어 다도의 표현형식과 철리가 풍부한 다도정신을 구현하였다. 이렇게 해서 완벽하다고 할 수는 없지만 어느 정도 내용과 형식을 갖춘 당대 특유의 다도인 전다도(煎茶道)가 성립되었다.[41]

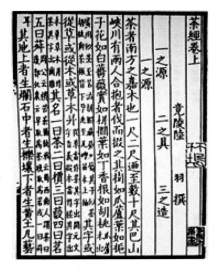

그림 Ⅱ-1. 陸羽 《茶經》

이와 비슷한 시기에 유정량(劉貞亮)이 "차로서 도(道)를 행할 수 있다(以茶可行道)."는 내용을 포함한 이른바 '음다십덕(飮茶十德)'之說을 내놓아 전다도의 내용을 더욱 풍부하게 하였다. 역시 비슷한 시기에 노동(盧仝)은 '다가(茶歌)' 또는 '칠완다가(七碗茶歌)'로 더 잘 알려진 그의 시 <走筆謝孟諫議寄新茶(주필사맹간의기신차)>에서 이른바 '칠완설(七碗說)'을 내놓아 전다도의 경지를 신선의 경지까지 끌어올려 다도의 성립에 일조하였다. 이후 비문(裵汶)의 《다술(茶述)》, 장우신(張又新)의 《전다수기(煎茶水記)》, 온정균(溫庭筠)의 《채다록(采茶錄)》 등이 저술되어 전다도를 더욱 발전시켰다.[42]

전다도의 성립으로 비로소 현대적 개념의 차문화가 형성되었다고 할 수 있다.[43] 이제 당대 중기 이후에 전다도가 형성된 원인과 전다도의 특징을 살펴볼 차례인데, 이에 대해서는

---

39) 封演의 《封氏聞見記》卷六 <飮茶>篇에 나온다. "有常伯熊者, 又因鴻漸之論廣潤色之, 于是茶道大行."

40) 茶道란 용어를 처음 사용한 사람에 대해 皎然이 먼저란 의견과 封演이 먼저란 의견이 병존하고 있다. 이는 두 사람의 生卒이 모두 불확실하기 때문인 것으로 보이는데, 이에 대해서는 보다 구체적인 조사가 필요하다. 본고에서는 《中國茶文化大辭典》(2002)에 따랐다(864쪽).

41) 康乃 主編, 《中國茶文化趣談》(2006), 12쪽. 金明培는 "중국의 다도는 당나라의 육우가 《다경》(760)을 짓고, 호주자사(湖州刺史)인 안진경(顏眞卿, 709-784)이 삼계정(三癸亭)을 지어 육우에게 기부한 773년에 호주에서 완성되었다."고 했다. 金明培 譯著, 《中國의 茶道》(2007), 39쪽.

42) 丁以壽, <中華茶道槪念詮釋>(1999), 20쪽.

43) 茶道란 용어를 현대적 개념으로 바꾸면 차 문화라고 할 수 있는데, 이에 대해서는 이후에 다시 다루게 된다. 때문에 최근에 저술된 책에서 唐代의 차 문화라 함은 곧 唐代의 茶道 즉, 煎茶道를 지칭하는 것으로 보아야 한다.

필자가 이미 고찰한 바가 있다.[44] 때문에 여기서는 고찰한 내용을 간단히 요약하기로 한다. 전다도의 형성원인으로는 첫째, 불교가 크게 발전한 점, 둘째, 엄격한 과거제도의 시행, 셋째, 작시(作詩)의 풍조가 성행한 점, 넷째, 공다제(貢茶制)가 크게 시행된 점, 다섯째, 조정에서 실시한 금주조치, 여섯째, 육우의 창도(倡導) 등을 들 수 있다.

전다도의 특징으로는 첫째, 전다법을 핵심으로 하는 일련의 다예기법을 확립하여 다예의 미학과 경계 그리고 분위기 등을 강조하였다. 둘째, 인간의 정신을 다사(茶事)와 상호 결합시켜 인간의 품격과 사상의 지조를 강조하고 인간과 차의 합일을 중시하였다. 셋째, 다사 활동을 유·불·도의 사상과 상호 결합시켜 중국 다도정신의 기본 틀을 다졌다. 넷째, 다도 정신을 자연산수와 상호 연계하여 차인이 대자연 속에서 자신의 의지를 느긋하게 펼치고, 너그럽고 포용하는 마음으로 만물을 받아드리는 것을 강조함으로써 천인합일(天人合一)을 중시하였다. 다섯째, 문인들이 차를 소재로 하여 시를 짓거나 차를 소재로 하여 자신의 뜻을 펼치게 되었는데, 그 결과 많은 차시들이 발표되었다.

2) 중국 다도의 변천

(1) 송대(宋代)의 점다도(點茶道)

당대 중기 이후에 형성되어 북송(960-1126)까지 유행되었던 전다도(煎茶道)는 남송(1127-1279)에 이르러 쇠퇴했다. 전다도의 뒤를 점다도가 이었는데, 점다도(點茶道)는 당 말에서 오대에 배태되고 북송 중엽에 성숙되었다. 북송 후기

그림 Ⅱ-2. 宋代 點茶道

부터 명대(1368-1644) 전기까지 한창 성행하다 명대 후기에 쇠퇴했다. 전다도가 형성되어 유행하다 쇠퇴하는 과정과 점다도가 형성되고 성행하다 쇠퇴하는 과정을 통해 전다도와

---

44) 拙稿, <唐代 茶政 考察>(2010), 380-382쪽.

점다도가 일정 기간 공존했다는 사실을 알 수 있다. 이러한 사실은 송대 3대 차인의 한 사람인 소동파(1036-1101)의 다시를 통해서도 확인할 수 있다.[45] 이러한 사실은 이후에 다룰 포다도(泡茶道)의 경우도 마찬가지인데, 점다도와 일정 기간 공존하다가 점다도는 점차 쇠퇴하고 포다도가 그 뒤를 계승하였다.

11세기 중엽에 채양(蔡襄)이 《다록(茶錄)》두 편을 지었는데, 상편인<논다(論茶)>에서는 색(色), 향(香), 미(味), 장다(藏茶), 자다(炙茶), 연다(硏茶), 라다(羅茶), 후탕(候湯), 협잔(熁盞), 점다(點茶) 등에 대해 논하고, 하편인 <논다기(論茶器)>에서는 다배(茶焙), 다롱(茶籠), 침추(砧椎), 다검(茶鈐), 다연(茶碾), 다라(茶羅), 차잔(茶盞), 차시(茶匙), 탕병(湯瓶) 등을 논하여 점다도의 기초를 다졌다.

12세기 초에는 휘종황제 조길(趙佶)이 친히 《대관다론(大觀茶論)》을 저술하여 점다도를 더욱 발전시켰는데, 20편의 내용은 지산(地産), 천시(天時), 채택(采擇), 증압(蒸壓), 제조(製造), 감변(鑒辨), 백차(白茶), 라연(羅碾), 잔(盞), 선(筅), 병(缾), 표(杓), 수(水), 점(點), 미(味), 향(香), 색(色) 등이다.[46]

이밖에도 황유(黃儒)의 《품다요록(品茶要錄)》, 조여려(趙汝礪)의 《북원별록(北苑別錄)》, 송자안(宋子安)의 《시다록(試茶錄)》 등이 연달아 저술되어 점다도를 발전시켜나갔다.[47] 15세기 중엽에는 주권(朱權)이 《다보(茶譜)》를 지었고, 16세기 중엽에는 전춘년(錢椿年)도 역시 《다보(茶譜)》를 지었으며, 16세기 말에는 도륭(屠隆)과 장겸덕(張謙德)이 각각 《다설(茶說)》과 《다경(茶經)》을 지었는데, 모두 점다도(點茶道)를 천명했다.[48]

"다흥우당이성우송(茶興于唐而盛于宋)"이란 말이 생겨날 정도로 송대는 차 산업이 발전했던 시기였다.[49] 재배면적이 당대에 비해 2-3배 정도 증가하고 전업차농(專業茶農)과 관영다원이 생겨나 생산규모도 적게는 2만 근에서 많게는 35만 근에 이르렀다. 제다기술도

---

45) 3대 차인으로는 東坡와 蔡襄 그리고 陸游를 든다. 于觀亭(2003), 79-85쪽. 東坡의 시 <汲江煎茶>는 煎茶의 상황을 묘사했고, <詠茶詞>는 點茶의 상황을 표현한 것이다. 김길자 역주와 감상, 《中國茶詩》(1999), 190-191쪽과 256-258쪽.

46) 두 저서는 金明培에 의해 번역되어 1985년에 출판되었다. 金明培 譯著, 《中國의 茶道》, 개정판 (2007).

47) 康乃(2006), 13쪽.

48) 丁以壽(1999), 22쪽. 屠隆의 《茶說》은 《考槃餘事》茶錄의 誤記로 보인다. 陳彬藩 主編, 《中國茶文化經典》(1999), 第五卷, 319쪽 참조.

49) 宋代 차 산업에 대해서는 童尙勝, 王建榮 編著, 《茶史》(2003), 60-62쪽 참조.

정교해져 공차(貢茶) 전용의 용단봉병(龍團鳳餅)은 물론 일반인들이 음용하기에 적합한 증청산차(蒸靑散茶)와 화차(花茶) 등이 출현했다.

공배기지(貢焙基地)가 기후변화로 인해 당대의 고저(顧渚)에서 복건성의 건안(建安)과 건구(建甌) 일대의 북원(北苑)으로 옮겨졌다. 군자(君子)와 소인(小人)들 모두 차를 좋아하게 되고 부귀한 사람들부터 빈천한 사람들까지 모두 차를 마시게 되면서 차의 소비가 늘어나자 차를 파는 전문시장이 생겨나게 되었다. 투차(鬪茶)가 유행하면서 차를 마시며 소일하는 다점(茶店)·다방(茶坊)·다관(茶館) 등이 흥기하였다. 요(遼)와의 변경무역으로 차마교역도 성행했다.

송대 차 문화의 특징을 살펴보기로 한다.[50] 첫째, 궁정차문화가 형성되었다는 점을 들수 있다. 궁정전용의 최고급차인 용단차(龍團茶)와 봉병차(鳳餅茶)가 생산되었으며, 조정의 의식에 다례가 추가되어 조정의 연회와 사신접대를 위해 황제의 면전에 찻상이 설치되었다. 또한 국자감의 학관과 학생들은 물론 사신들에게도 황제가 직접 차를 하사하였다. 귀족의 혼례에도 다의(茶儀)를 끌어들여 납채(納采)를 행할 때 '명백근(茗百斤)'을 예품으로 삼았다.

둘째, 투차가 성행했다는 점이다. 명전(茗戰)이라고도 불리는 투차는 단체로 차의 품질을 품평하여 그 우열을 가리는 일종의 시합과 같은 형식이었다. 그래서 채양은 이를 시차(試茶)라고 불렀다. 투차는 공차를 만들던 건안에서 흥기했는데, 다투어 좋은 차를 만든 결과 제다기술이 향상되어 각종 명차의 생산을 촉진시키기도 했다. 휘종까지도 군신들과 투차를 즐기면서 귀족들은 물론 민간에까지 투차가 보급되었는데, 투차가 차학과 다예

그림 Ⅱ-3. 斗茶圖(元代 趙孟頫)

의 발전에 공헌한 측면도 있지만 사치와 형식에 치우치는 폐해도 낳았다.

---

50) 上揭書, 63-71쪽 참조.

셋째, 송대에는 점다도가 주류를 이루었는데, 주로 차와 물이 한데 어우러지는 시간의 장단을 가지고 차의 우열을 평정하였다. 이를 위해서는 상당히 정교한 기예가 요구되었기 때문에 다예(茶藝)보다는 다기(茶技)란 표현이 더 적합할 정도였다. 그래서 예술적 정취가 상대적으로 적었는데, 공차(貢茶)로 인한 물질추구가 지나치다보니 도리어 그 정신을 잃어버린 결과라고 볼 수 있다.

넷째, 차와 상호 관련된 예술이 하나로 어우러진 점을 들 수 있다. 이는 송대의 저명한 차인들이 대부분 저명한 문인이어서 그 융합과정을 가속화시킬 수 있었다. 시인들은 다시를 짓고, 서법가(書法家)들은 다첩(茶帖)을 쓰고, 화가들은 다화(茶畵)를 그렸던 것이다. 이러한 융합을 통해 차문화의 내함(內函)이 다채로워졌는데, 이것이 송대 차문화의 정수이기도 하다.

다섯째, 시민차문화가 생겨나 차와 연관된 풍속이 널리 유행하게 되었다는 점이다. 도시의 발달로 인해 시민이 중요한 계층이 되자 시민을 위한 휴식과 연회 그리고 오락 등을 위한 장소가 요구되었다. 주루(酒樓)와 식점(食店)에 이어 다방(茶坊)과 다관(茶館) 등이 생겨나게 되어 차로써 상호 교류하는 풍조가 성행했다. 이러한 예로써 새로 이사 온 이웃에게 차를 권하는 '헌다(獻茶)', 이웃 사이에 서로 차를 권하는 '지다(支茶)', 그리고 약혼할 때 행하는 '하다례(下茶禮)' 등을 들 수 있는데, 차가 이미 민간의 예절 속으로 파고들었음을 알 수 있다.

(2) 명(明)·청대(淸代)의 포다도(泡茶道)

포다도(泡茶道)는 대략 당대 중기에 민간으로부터 시작되었다. 川東(사천의 동부지역)과 鄂西(호북의 서부지역)의 경계지역에서는 쇤 찻잎을 갈아서 만든 분말을 미탕(米湯)에 섞어 다병(茶餠)을 만들고, 이 다병을 불에 구워 분말로 만든 뒤 파·생강·귤 등과 함께 자기에 넣고 끓인 물을 부어 우려 마셨다.[51] 현지에서는 술을 깰 때 이런 차를 마셨는데, 이러한 방식으로 우리는 것을 촬포법(撮泡法)이라 했다.

명초까지는 이렇게 말차(末茶)를 사용하다가 명초 이후부터 지금까지 산차(散茶)를 사용

---

51) 康乃(2006), 14쪽.

하고 있다.[52] 이러한 민간의 촬포법(撮泡法)은 이후 사찰의 촬포법으로 발전하고 이어서 자사호(紫沙壺)의 출현으로 드디어 호포법(壺泡法)이 출현하게 되었다. 청대에 이르러 복건 무이산의 오룡차(烏龍茶)가 유행함에 따라 소호(小壺)에 충포(沖泡)하여 소배(小杯)에 부어서 품음(品飮)하는 이른바 공부다법(功夫茶法)이 출현했다. 다호에 이어 다완도 출현했는데, 뚜껑과 받침이 있는 개완배(蓋碗杯)가 유행했다.

16세기 말엽인 명대 후기에 장원(張源)이 《다록(茶錄)》을 저술하여 藏茶(장다), 화후(火候), 탕변(湯辨), 포법(泡法), 투다(投茶), 음다(飮茶), 품천(品泉), 저수(貯水), 다구(茶具), 다도(茶道) 등을 논하였다. 이후 허차서(許次紓)가 《다소(茶疏)》를 저술하여 산다(産茶), 고금제법(古今製法), 채적(採摘), 초다(炒茶), 개중제법(岕中製法), 수장(收藏), 치돈(置頓), 취용(取用), 포과(包裏), 일용돈치(日用頓置), 택수(擇水), 저수(貯水), 요수(舀水), 자수기(煮水器), 화후(火候), 팽점(烹點), 칭양(秤量), 탕후(湯候), 구주(甌注), 탕척(盪滌), 음철(飮啜), 논객(論客), 다소(茶所), 세다(洗茶), 동자(童子), 음시(飮時), 의철(宜輟), 불의용(不宜用), 불의근(不宜近), 양우(良友), 출유(出遊), 권의(權宜), 호림수(虎林水), 의절(宜節), 변와(辯譌), 고본(고본) 등을 논하였다.[53] 위의 두 저서들은 포다도(泡茶道)의 기초를 닦았다.

이후 17세기 초에 정용빈(程用賓)이 《다록(茶錄)》을 편찬하고, 나름(羅廩)이 《다해(茶解)》를 편찬했다. 17세기 중엽에는 풍가빈(馮可賓)이 《개차전(岕茶箋)》을 편찬하고, 장대(張岱)가 차에 관한 잡저(雜著)를 여러 권 저술했다. 17세기 후기에는 청인 모양(冒襄)이 《개차회초(岕茶滙鈔)》를 저술하고, 원매(袁枚)는 <차(茶)>라는 문장을 지었다. 포다도(泡茶道)는 이러한 저작에 의해 보완되고 발전하여 점차 완벽하게 되었다. 이렇듯 명·청대에 저술된 다서가 79종으로 중국 고대 전체 다서 124종의 64% 정도를 차지하고 있다.[54]

송대(宋代) 투차의 습속을 계승한 발판 위에서 제다기술도 발전하여 초청녹차(炒靑綠茶)를 비롯해 화차(花茶)·흑차(黑茶)·홍차(紅茶)·청차(靑茶) 등이 대량으로 생산되었다. 뿐만 아니라 가명(佳茗)을 선발하는데 치중하여 호구차(虎丘茶)·천지차(天池茶)·육안차(六安茶)·용정차(龍井茶)·천목차(天目茶) 등과 같은 명차를 선발하기도 하였다.

---

52) 丁以壽(1999), 23쪽.
53) 이 책은 金明培에 의해 번역되어 1985년에 출판되었다. 金明培(2007).
54) 董尙勝, 王建榮 編著, 茶史(2003), 73쪽.

그림 Ⅱ-4. 泡茶法

이제 명·청대 차문화의 특징을 살펴보기로 한다.[55] 첫째, 문인들이 차로써 포부를 빗대어 나타내다가 나중에는 차에 기대어 포부를 소모하게 되었다는 점이다. 명대에는 정주이학(程朱理學)을 통치사상으로 삼아 문인들에 대해 고압적인 정책을 실행했기 때문에 자연히 많은 문자옥(文字獄)이 발생했다. 자신의 뜻을 펼치기가 어렵게 된 문인들은 자연히 거문고와 바둑 그리고 글씨와 그림으로 포부를 표출했는데, 차 또한 이러한 것들과 잘 어울렸다. 명대 차인들은 대부분 박식한 선비들이었는데, 그들의 뜻은 결코 차에 있지는 않았으나 늘 차로써 자신들의 뜻을 빗대어 나타냈다. 즉, 차를 마시는 것을 자신이 뜻하는 바를 표현하는 일종의 방식으로 여겼던 것이다. 《다보(茶譜)》를 지은 주권(朱權)과 '오중사걸(吳中四杰)' 중의 당인(唐寅)과 문징명(文徵明) 등이 이런 부류에 속하는 차인들이다.

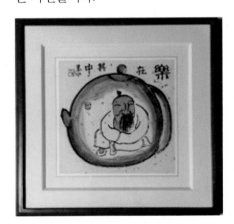
그림 Ⅱ-5. 차호에 빠진 백발노인

청대의 문인들은 만주족의 횡포로 더욱 실의에 빠져 대부분이 풍류로 세월을 허송했는데, 일부 차인들은 심지어 백발이 성성하도록 차를 궁구(窮究)하느라 일생동안 다호에 빠져 지내기도 했다. 대부분의 차인들은 실외에서 마시던 차를 아예 실내로 옮겨버렸는데, 대자연에서 도를 찾으려하지 않고 대신 차 자체가 바로 도를 포함하고 있다고 여겼다. 이른바 '다즉도(茶卽道)'라고 여긴 것이다. 다예에 대해서도 극도의 정교함을 요구하여 기발한 발상을 하기도 하고 교묘한 솜씨를 부리기도 했다. 하지만 반드시 조용하고 한적해야 했으며, 고상한 놀이(유희)여야 했다. 차인의 심오한 포부는 거의 소멸되었던 것이다.

둘째, 청대의 차문화가 대중화를 향해 나아갔다는 점이다. 청대의 차 산업은 아편전쟁

---

55) 이에 대해서는 上揭書, 75-89쪽을 참조함.

이전까지는 수출의 호조로 전국적으로 유명한 다창(茶廠)도 출현하고 외국과의 무역을 전문으로 하는 유명한 '외무십삼항(外貿十三行)'도 생겨났다. 하지만 아편전쟁 이후에는 외국 상인들의 횡포로 인해 차 산업은 쇠퇴의 국면으로 치닫게 되었다. 이런 국면은 1949년 신중국(新中國)이 성립될 때까지 지속되었다. 이런 국면으로 인해 당·송 이래 문인들이 주도했던 차 문화의 조류는 종말을 고하게 되었다. 대신 차 문화가 일반 서민들의 일상생활과 긴밀하게 결합되어 도시를 중심으로 다양한 형태의 다관(茶館)들이 속속 생겨났다. 이러한 다관들과 민간의 문화 활동이 결합하여 특수한 '다관문화(茶館文化)'가 형성된 것이다. 원대에 출현한 이른바 '속음(俗飮)'이 유행하면서 일반인들도 취미와 기예를 강구하기 시작했다.

2. 중국차의 분류와 중국의 다예

1) 중국차의 분류[56]

(1) 기본차류

녹차(綠茶) : 초청(炒靑), 홍청(烘靑), 쇄청(曬靑), 증청(蒸靑)

홍차(紅茶) : 소종(小種), 공부(工夫), 홍쇄차(紅碎茶)

청차(靑茶) : 민북(閩北), 민남(閩南), 광동(廣東), 대만(臺灣)

백차(白茶) : 백아차(白芽茶), 백엽차(白葉茶)

황차(黃茶) : 황아차(黃芽茶), 황소차(黃小茶), 황대차(黃大茶)

흑차(黑茶) : 호남흑차(湖南黑茶), 호북노청차(湖北老靑茶), 사천변차(四川邊茶), 전계흑차(滇桂黑茶)

(2) 재가공차류

화차(花茶) : 말리(茉莉)화차, 장미화차, 계화차(桂花茶) 등

---

56) 이에 대해서는 拙稿, <중국차의 분류 고찰>(2012), 395-416쪽 참조.

긴압차(緊壓茶) : 흑전(黑磚), 복전(茯磚), 방차(方茶), 병차(餠茶) 등

췌취차(萃取茶) : 속용차(速溶茶), 농축차(濃縮茶) 등

과미차(果味茶) : 려지(荔枝), 녕몽(檸檬), 미후도차(獼猴桃茶) 등

약용보건차(藥用保健茶) : 감비차(減肥茶), 두충차(杜冲茶), 첨국차(甛菊茶) 등

함차음료(含茶飮料) : 차콜라, 차사이다 등

표 Ⅱ-1. 발효도에 따른 차의 분류

불발효차 (不醱酵茶)	반발효차 (半醱酵茶)					전발효차 (全醱酵茶)
녹차(綠茶)	靑茶(烏龍茶)					홍차(紅茶)
0%	15%	20%	30%	40%	70%	100%
용정(龍井)· 벽라춘(碧螺春) 등	청차 (淸茶)	말리화차 (茉莉花茶)	동정차 (凍頂茶)	철관음 (鐵觀音)	백호오룡 (白毫烏龍)	홍차 (紅茶)

(3) 중국10대명차(中國十大名茶)[57]

서호용정(西湖龍井) : 절강성(浙江省) 항주(杭州)지역 : 綠茶

동정벽라춘(洞庭碧螺春) : 강소성(江蘇省) 소주(蘇州) 지역 : 綠茶

황산모봉(黃山毛峰) : 안휘성(安徽省) 황산시(黃山市) 지역 : 綠茶

여산운무(廬山雲霧) : 강서성(江西省) 여산(廬山) 지역 : 綠茶

육안과편(六安瓜片) : 안휘성(安徽省) 육안(六安) 지역 : 綠茶

신양모첨(信陽毛尖) : 하남성(河南省) 신양(信陽) 지역 : 綠茶

군산은침(君山銀針) : 호남성(湖南省) 악양(岳陽) 지역 : 黃茶

무이암차(武夷岩茶) : 복건성(福建省) 무이산 일대 : 靑茶

안계철관음(安溪鐵觀音) : 복건성(福建省) 안계(安溪) 지역 : 靑茶

기문홍차(祁門紅茶) : 안휘성(紅茶) 기문(祁門) 지역 : 紅茶

---

57) http://baike.baidu.com, 維基百科:「중국10대명차」 선정은 그해에 생산된 차를 기준으로 매년 선정
하고 선정한 곳의 위치나 지역에 따라 달라질 수 있다. 중국10대 명차는 1959년 전국 10대명차평
비회(全國十代名茶評比會)에서 10종의 차를 선별했던 것에서 유래한다.

표 Ⅱ-2. 6대 다류(茶類) 분류표

茶 Camellia sinensis	기본차류	불발효차 (不醱酵茶) 녹차 (綠茶)	덖음차 (炒靑茶)	초청(炒靑): 서호용정(西湖龍井)		
				홍청(烘靑): 태평후괴(太平猴魁)		
				쇄청(曬靑): 보이모차(普洱毛茶)		
			증제차(蒸製茶) : 은시옥로, 일본 전차(煎茶)			
		발효차 (醱酵茶)	선발효 (先醱酵)	부분발효	백차(白茶) : 백호은침, 백모란	
					청차 (靑茶) · 오룡차 (烏龍茶)	민남(閩南): 철관음
						민북(閩北): 대홍포
						대만(臺灣): 백호오룡
						광동(廣東): 봉황단총
				완전발효	홍차(紅茶) : 다질링, 기문, 우바	
			후발효 (後醱酵)	자연발효	자연산화 발효	전통보이차 (靑餠)
					퇴적발효	황차(黃茶): 군산은침
				미생물발효 악퇴(渥堆)	흑차(黑茶) : 칠자병차, 천량차	
	재가공차류	화차(花茶)				
		긴압차(緊壓茶)				
		췌취차(萃取茶)				
		과미차(果味茶)				
		약용보건차(藥用保健茶)				
		함차음료(含茶飲料)				

2) 중국의 다예

1970년대 중반부터 전 세계적으로 불기 시작한 '중국열(中國熱)'에 고무되어 중화민족 고유의 전통문화에 대한 호기심과 자긍심이 고취되었는데, 그 결과 타이완에서 1977년에 다

그림 Ⅱ-6. 복건(福建) 다방사보(茶房四寶)

도(茶道)라는 용어 대신 다예(茶藝)[58]라는 용어를 사용하기로 하고 1988년에 이를 대륙에 전파시켰다. 이후 중국의 차문화라고 하면 곧 다예라고 할 정도로 각종 다예가 활성화되었다.

청대부터 민간에서 성행했던 다예가 있었는데, 이때 민간인들은 다방사보(茶房四寶)인 맹신호(孟臣壺)·약침배(若琛杯)·옥서외(玉書碨)·조선로(潮仙爐) 등 간편한 다기를 이용해 다양한 의미를 부여하면서 청차를 우려서 마셨다. 중국차의 대명사라 할 수 있는 청차(烏龍茶)를 이용한 이러한 다예를 청차다예라 하는데, 조주(潮州)다예·선두(仙頭)다예·장주(漳州)다예 등이 대표적이다.

각종 다예의 종류에 따라 또는 지역에 따라 다예의 표연(表演) 과정이나 명칭에 다소의 차이가 있는데, 여기서는 현재 중국과 타이완에서 보편적으로 행해지고 있는 청차다예를 소개하기로 한다.[59]

(1) 팽자천수(烹煮泉水)

　　찻물 끓이기

(2) 분향정기(焚香精氣)

　　향을 피워 주변을 정갈하게 하기

(3) 오룡포진(烏龍布陣)

　　각종 다구를 바른 위치에 놓기

(4) 맹신임림(孟臣淋霖)

　　끓인 물로 차호 예열하기(溫壺, 봉황삼점두(鳳凰三點頭))

---

58) 다예란 용어의 출현과 그 배경에 대해서는 졸고, <중국 茶道의 형성과 변천 고찰>(2011), 396-397쪽 참조.

59) 이하에 소개하는 청차다예의 과정은 조기정·이경희 지음,《차와 인류의 동행》(2007), 158-161쪽 참조.

(5) 엽가수빈(葉嘉酬賓)

　　마실 찻잎을 확인하고(識茶) 감상하기(賞茶)

(6) 감천온해(甘泉溫海)

　　차호를 예열한 물로 다해(茶海) 예열하기(溫海)

(7) 오룡입궁(烏龍入宮)・관음입궁(觀音入宮)

　　오룡차나 철관음을 차호에 넣기

(8) 미인세진(美人洗塵)

　　洗茶(開茶)하고 퇴수기에 물 따르기(안쪽으로 돌린다)

(9) 약침출곡(若琛出谷)

　　다해(茶海)의 물로 찻잔 예열하기(溫杯)

(10) 현호고충(懸壺高沖)

　　높은 곳에서 차호에 뜨거운 물 따르기

(11) 춘풍불면(春風拂面)

　　차호에 뜬 거품을 차호 뚜껑으로 걷어내고(蓋沫) 닫기

(12) 중세선안(重洗仙顔)

　　뜨거운 물을 차호 뚜껑 위에 붓기(淋頂)

(13) 관공순성(關公巡城)・한신점병(韓信點兵)

　　찻잔의 물을 비우고 차를 茶海에 따른 후에 찻잔에 따르기(低酌)

(14) 감상탕색(鑑賞湯色)

　　차의 탕색(湯色)을 감상하기

(15) 희문유향(喜聞幽香)

　　즐거운 마음으로 차의 향기를 맡기

(16) 초품기명(初品奇茗)

　　차를 마신 후에 느낌을 말하기

(17) 재짐란지(再斟蘭芷)・삼짐감로(三斟甘露)

　　두 번째와 세 번째 차를 우려 마시기

(18) 여산진면(廬山眞面)

　　우려 마신 찻잎을 보고 찻잎의 근본을 생각하기(葉低)

3) 다예(茶藝) 도구

① 차탁(茶卓)

② 차선(茶船)

③ 차호(茶壺)

④ 차해(茶海)

⑤ 차우(茶盂)

⑥ 차배(茶杯)

⑦ 차탁(茶托)

⑨ 차하(茶荷)

⑩ 차건(茶巾)

⑪ 차시(茶匙)

⑫ 사시(渣匙)

⑬ 차침(茶針)

⑭ 봉차반(奉茶盤)

⑮ 자수기(煮水器)

⑯ 향로(香爐)

그림 Ⅱ-7. 茶藝 도구

그림 Ⅱ-8. 茶壺와 茶荷

그림 Ⅱ-9. 개완 잡기

Ⅲ. 한국의 차문화

1. 한국의 차문화사

1) 차의 한국 전래

(1) 인도차 전래설

이능화(李能和, 1869~1943)의 《조선불교통사(朝鮮佛敎通史, 1918)》에는 「김해의 백월산에 죽로차가 있다. 세상에서는 수로왕비 허왕후(許黃玉)가 인도에서 가져온 차씨라고 전한다」[60]하였다. 허왕후는 서기 48년 인도의 아유타국(阿踰陀国)의 공주로서 부왕의 명을 받아 16세의 어린 나이에 수륙만리 이국의 수로왕에게 시집을 오게 되었다. 그때 배에 싣고 온 혼수품 중에 차 종자가 있었고, 이것이 허황옥을 통한 인도차의 한반도 전래설이다.

(2) 중국차 전래설

김부식(金富軾, 1075~1151)의 《삼국사기(三國史記)》「흥덕왕(興德王)」 3년 12월 조에 따르면, 대렴(大廉)이 당나라의 차씨를 신라에 들여왔다고 한다.

> 겨울 12월, 사신을 당나라에 보내어 조공하니 당나라의 문종이 인덕전(麟德殿)에 불러서 만나보고 잔치를 베풀었다. 당나라에서 돌아온 사신 대렴(大廉)이 차씨를 가져오니 임금은 지리산에 심게 하였다. 이미 차는 선덕왕 때부터 있었으나 이때에 이르러 성행하게 되었다

(3) 우리나라 자생설

우리 민족의 영산인 지리산에는 아주 먼 옛날부터 영초인 차나무가 스스로 자라고 있었다는 자생설이 있다. 화개 출신인 하상연(河相演 1934~2000)은 지리산 화개차가 우리나라

---

60) 金海白月山有竹露茶 世傳首露王妃許氏 自印度 持來之茶種云. 이능화, 《조선불교통사 하권》, p. 461.

자생차임을 주장하였다.[61] 한반도 토양이 차가 생장하는데 가장 적당한 난석토(화강암 마사토)지대이므로 자생이 가능하다는 주장이다.

2) 시대별 차문화

(1) 고구려 차문화

고구려는 불교의 성행과 함께 차는 승려들에게 있어 소중한 공양물(供養物)로 자연스럽게 수행되었을 것이다. 하지만 고구려는 차나무가 자라기에는 자연환경이 적합하지 않은 관계로 차나무가 전래되거나 재배되지 않았고, 인접한 중국이나 백제와의 교역을 통하여 차(완성품)가 수입되었을 것으로 본다. 고구려의 차문

그림 Ⅲ-1. 角抵塚의 실내생활(후실후벽)

화는 대표적으로 고분벽화에서 확인할 수 있는데, 찻잔이냐 술잔이냐는 논쟁이 있으나 벽화에서 차 마시는 그림도 찾아볼 수 있다. 무용총(舞踊塚)의 「주인접객도」벽화와 각저총(角抵塚)의 「작별연회도」벽화에서 차와 음식이 손님 접대와 회식연(會食宴)에 등장하는 것을 보면 고구려의 차 생활을 어느 정도 짐작할 수 있다.[62] 또한, 제17대 소수림왕 2년(372년) 6월 전진(前秦)의 왕인 부견(符堅)이 순도(順道)편으로 불상과 불경을 고구려에 전하고 전래한 불교에도 차례 의식이 있었을 것으로 유추 해석된다.[63]

실질적으로 고구려 차문화를 보여주는 자료는 일인(日人) 아오끼 마사루(靑木正兒, 1887~1964)의 《靑木正兒全集》에서 옛 고분(古墳)에서 출토된 병차(餅茶)에 대한 기록이다.[64] 위의 병차(餅茶)는 전형적인 한국의 엽전(葉錢) 모양의 전차(錢茶)로, 전남 장흥, 강진,

---

61) http://www.greentea.go.kr. 「차의 역사」

62) 이순옥, <靑苔錢 연구>, 목포대학교 석사학위논문, 2006, pp. 7-8.

63) 金明培, 《茶道學》, 學文社, p. 175.

64) 靑木正兒, 《靑木正兒全集》, 春秋社, 1969, p. 262. 「私は, 高句麗の昔の古墳から出土した形が丸くて薄い小さな餅茶一つを標本に持っていますが, 直徑4cm程度の葉錢形態の厚さは5分ほどになる.」

해남 등 남해안 지방에서 일제강점기까지 볼 수 있었다.

더불어 《삼국사기(三國史記)》에 고구려 지방의 이름으로 「구다국(句茶國)」이 있는 것으로 보아 당시에 차문화가 성행하였거나 단순한 지명을 한자음으로 표기한 것일 수도 있을 것이다.[65]

(2) 백제 차문화

백제의 문화는 삼국 중에서 가장 발달하여 고구려와 신라의 문화에도 크게 영향을 미쳤다. 해로나 육로를 통한 중국차의 전래는 매우 자연스럽고 당연한 것으로 여겨지는데, 기록과 유적은 없으나 지리적 위치나 기후로 보아 차나무를 재배하고 차를 생산하여 음다문화가 발전했으리라 추측된다.[66]

차산지가 가장 많이 분포되어 있던 백제지역은 중국, 인도 등과 해상교역이 성행했던 역사로 볼 때 다른 나라 못지않게 일찍부터 차에 관한 정보나 상품의 교류가 활발하였을 것이다. 또한, 당연히 불교의 융성에 따라 차문화가 발전하였고 유물로 나온 돌절구를 통해 차문화가 굉장히 앞서 있었다는 것이 증명된다.[67]

4세기 마라난타(摩羅難陀)에 의해 전래된 이래 불교에서 행해졌던 차문화는 사료가 보존되지 않아 구체적인 기록이 발견되지 않고 있다.

백제에 차가 전래되었다는 자료는 간접적이지만 원효(元曉, 617~686)의 일화를 통해서 알 수 있다. 이규보(李奎報, 1168~1241)의 《동국이상국집(東國李相國集)》 권23, 기(記) <남행월일기(南行月日記)>에는 원효(元曉)에게 원효방(元曉房; 전라북도 부안군 상서면 開巖寺 뒷산)에서 백제승 사포(蛇包)가 차를 올린 기록이 보인다. 부안 지방은 차의 생산지로서 《세종실록지리지(世宗實錄地理志)》에도 기록되어 있고 지금도 많은 차

그림 Ⅲ-2. 상: 銅托銀盞, 하: 銅製盞

---

65) 정영선, 《한국 茶文化》, 너럭바위, 2007, p. 70.
66) http://danokorea.pwc.ac.kr, 사이버 전통다도박물관.
67) 최현주, 「풍납토성에 발굴된 다구로 베일 벗는 백제 차문화」, 차의 세계, 2007년 7월호.

나무가 야생으로 자라고 있다.

차문화 유물로는 무령왕릉에서 출토된 「받침 있는 은잔 동탁은잔(銅托銀盞; 전체높이: 15.0cm)」과, 「동제잔(銅製盞; 높이: 4.7cm, 입지름: 8.3cm)」이 찻그릇으로 쓰인 것으로 밝혀지고 있다.[68]

백제에 중국의 절강차(浙江茶)가 전파되었을 가능성은 조선의 성리학자인 이만부(李萬敷, 1664~1732)가 지은 《식산별집(息山別集)》의 <지리산의 옛일(智異古事)>을 통해 알 수 있다[69]. 또한 지리산의 차나무가 중국의 절강차라는 것을 밝히는 연구 논문[70]도 나와 있다.

(3) 신라 차문화

신라는 불교 전파가 늦었으나 가야를 병합하고 난 5~6세기경에는 차생활을 했을 것으로 보이는 흔적이 많다. 가야는 6세기 이전에 토산차를 기호음료로 마시면서 상례나 제례 등에 차를 올렸을 것으로 추측된다. 1988년 3월 경남 의창 다호리(茶戶里)에서 발굴된 2000년 전(기원 1세기)의 제기(祭器)를 비롯해 칠기(漆器)류와 붓, 화폐 등은 가야문화의 단편을 보여준 것이다.[71]

신라시대에도 의례에 차를 흔히 사용했는데, 문무왕 때 김수로왕의 시제(時祭)에 차를 올린 것은 종묘다례라 할 수 있으며, 충담이 삼짇날과 중구일에 미륵부처께 차를 올린 것도 헌다례이다. 또한, 차나 술을 하나의 큰 잔에 담아 돌아가며 마시는 다례인 회음례(回飮禮)를 들

그림 Ⅲ-3, 신라 토기완(新羅土器椀); 경주시 안압지 출토, 경주박물관 소장

수 있다. 이것은 차를 신명(神明: 天神, 地神, 龍王神), 귀신(鬼神: 영혼), 삼신(三神), 부처님께 올린 후에 참석한 사람들은 신이 내린 복을 나눈다는 의미로 차를 나누어 음복(飮福)하는 데

---

68) 徐兢, 《高麗圖經, 器皿 3》 '궁궐 연회 때 차를 끓여서 은으로 만든 연잎 모양의 뚜껑을 덮어서 천천히 걸어와서 내놓았다'는 기록으로 보아 궁궐에서 사용하는 찻그릇은 뚜껑이 갖추어져 있었다.

69) 金明培, 《韓國茶文化史》, 草衣文化祭執行委員會, 1999, p. 19.

70) 이은경(李恩京), <중국 천태산과 한국 지리산 차나무의 비교 형태학적 연구>, 절강대학석사학위논문, 1999.

71) 鄭英善, 《韓國茶文化》, 너럭바위, 2002, pp. 68-69.

서 유래한 것이다. 이 당시 의식다례에 쓰인 안압지 복원사업 당시 출토된 정·언·영(貞·言·榮)[72]명문의 신라 토기완(新羅土器椀)은 신라의 다완(茶椀)으로, 한국최고(韓國最古)의 찻잔(茶椀)이다. 이 찻잔에는 고려청자에서 흔히 볼 수 있는 문양인 구름문양과 초화문양이 아름답게 그려져 있다. 지금까지 우리가 고려청자 문양으로만 알고 있던 운문(雲文)과 초화문(草花文)이 신라의 토기에 그려진 문양이란 새로운 사실에 흥미를 더한다. 신라 27대 선덕여왕은 통도사(通度寺)와 청룡사 9층탑과 첨성대를 건립하게 하였는데, 통도사에는 7세기에 토산차가 있었음을 증명하는 《통도사사적기(通度寺事蹟記)》가 있다. 통도사(通度寺) 북쪽 동을산(冬乙山)에 위치한 차마을(茶村)은 차를 만들어 절에 바치던 다소(茶所)였다. 차 아궁이와 차샘은 지금도 남아 있으며 반야암을 가는 도중에는 차밭도 있다.

(4) 고려시대 차문화

시대적으로 차문화가 가장 번성한 고려에서는 국가가 관리하는 주요 작물로 차의 공급과 판매 등이 이루어지고 왕실은 물론 일반에까지 차가 보급되었다. 왕의 사차(賜茶)기록을 보아도 그 양은 실로 엄청나서, 토산차(土産茶)는 물론 송나라 차의 수입도 활발했다. 차가 궁중의 중요한 음식이 되면서 국가에 의식이 있을 때마다 반드시 진다의식(進茶儀式)이 따랐다. 신(神)이나 부처에게 재(齋)를 올릴 때도 차를 올렸으며, 왕비 또는 왕세자 책봉 때, 왕자나 공주가 탄생하였을 때, 또는 혼례를 올릴 때도 진다의식을 행하였다. 문인, 그리고 승려 등 귀족층에 차가 폭넓게 수용되어 왕실에서 행해지던 각종 의식에 차가 중요하게 쓰였고, 왕의 하사품과 국제외교상의 중요한 예물이 되었다.

궁중의 차 의례로는 가례(嘉禮), 빈례(賓禮), 길례(吉禮), 흉례(凶禮) 등이 모두 행해졌으며 조선으로도 계승되었다. 그 가운데 「중형주대의(重刑奏對儀)」는 고려

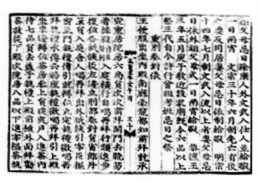

그림 Ⅲ-4. 《高麗史》 – 중형에 대한 처결을 보고하는 의례

---

72) 표면에 먹으로 '언(言)', '정(貞)', '다(茶)' 세 글자와, 구름무늬, 꽃무늬를 일정한 간격으로 썼거나 그려 놓은 대접이다. http://gyeongju.museum.go.kr.

의 왕실에서 차에 대한 위상을 알 수 있는 독특한 문화로서 우리 민족이 차생활을 얼마나 심오하고 진지한 일로 여겼는지를 알 수 있다. 중형(重刑)이란 엄중한 형벌이고, 주대(奏對)란 임금과 마주보고 아뢰는 것으로, 형부(刑部)에는 주대원(奏對員)이 있었다. 죄인에게 참형을 결정하기 전에 신하들과 차를 마시는 의식을 행함으로써 보다 공정하고 신중한 판결을 내리도록 노력하자는 의도였다.

이처럼 궁중에서 차의 쓰임새가 많아지고 빈번해지자 차에 관한 일을 관장하는 다방(茶房)이라는 직제가 있었다. 다방은 태의감(太醫監)에 소속되어 궁 안에서 사용할 약을 지어 바치는 부서로, 조정의 다례를 거행하고 왕이 행(行幸)할 때 수반되는 다례를 봉행하였다. 그 직무의 폭이 상당히 광범위하여, 꽃·과일·술·약·채소 등의 관리도 하였다. 다방의 관원은 향연(饗宴) 할 때 올릴 차를 준비하는데, 먼저 왕과 사신의 차를 준비하고 나중에 군신들의 차를 준비하였다. 차를 하사받은 군신은 재배(再拜) 후 차를 받고 모두 마신 후 다시 재배한다.[73] 특히 다군사(茶軍司)라 하여 행로군사(行爐軍司), 다담군사(茶擔軍司)가 있었는데, 차를 끓이기 위해 화로와 차를 각각 이동한다. 이 제도는 이웃 나라에서는 볼 수 없는 우리만의 풍습인데, 이는 신라시대의 국선(國仙) 및 화랑들과 낭도들이 산천을 유람하며 수련할 때 차도구를 지니고 다니던 풍습에서 유래되어 제도화된 것으로 보인다.

고려시대 초기에는 주로 귀족중심의 차문화였으나 무신 난이 일어난 중엽부터는 문인과 학자들이 차문화를 꽃피웠다. 고려의 문인들은 승려들과의 교유를 통하여 송의 투차(鬪茶)에서 영향을 받은 명전회(茗戰會)로 발전시켰다. 원(院)이란 왕이나 관원 혹은 승려를 포함한 귀족이 먼 길을 가다가 도중에 쉬는 집으로, 샘물이나 정자가 유명한 원을 다원(茶院)이라 하였고 전국의 곳곳에 설치되어 있었다.[74]

성종(成宗, 982~997) 때에는 차를 파는 좌상(坐商)이 생겼으며, 돈 대신 포(布)를 주고 차를 마시며 휴식을 취하였다. 고려 말엽에는 관리나 선비들이 다점 뿐 아니라 다방(茶房)에서도 차를 마셨음을 알 수 있다. 19세기 초에 간행된 <금강산 지도>에는 22곳의 휴게소를 다점(茶店)이라고 표기하였다. 일반 백성들이 차를 마시던 다점이 있었다는 기록은 차가 서민들의 기호음료로 대중화되었음을 뜻한다.

---

73) 석용운, 《한국차문화강좌》, 초의학술재단, 2004, p. 131.
74) 장남원, 《다도와 한국의 전통 차문화》, 「고려시대 청자와 차문화」, 아우라, 2013, p. 82.

한편으론, 고급차를 즐기는 사치풍조와 과중하게 부과되는 차세(茶稅) 때문에 민폐가 막심하였다. 그래서 차는 서민들의 원한의 대상이 되었고 지역에 따라서는 차나무를 없애버리는 곳도 생겨났다. 이러한 상황이 조선시대로 이어지면서 차가 더 이상 발전할 수 없게 된 원인 중에 하나가 되었다.[75]

(5) 조선시대 차문화

조선시대 차문화는 전반적으로 불교와 더불어 쇠퇴하였으나 왕실에서는 다례가 행해졌고 문인의 음다풍습도 이어졌다. 왕실에서 행한 다례는 봉선다례(奉先茶禮), 접견 다례나 주다례(晝茶禮), 세자궁의 회강다례(會講茶禮), 선조 33년(1600) 국상(國喪)인 선조비상(宣祖妃喪) 다례(茶禮) 등이 그 한 예이다. 조정과 왕실에서는 맑은 차탕(茶湯)이 주류를 이루었으며 궁중제사에도 사용하였다. 조선 초 태종(太宗, 1367~1422) 때는 일시적으로 차를 마시지 말라는 금다탕(禁茶湯)의 명령이 시행되었음에도 사찰에서는 왕실의 제사에 차를 올리고 다게(茶偈)[76]를 지어 바쳤다.

세종(世宗, 1397~1450) 시기 새로이 제정된 '주다례(晝茶禮)'는 왕실에서 삼년상을 지낼 동안 점심 제사에 밥을 올리지 않고 차만 간단히 올렸다.[77] 조선 초에는 왕이 무술 연마나 군대의 사열을 할 때 왕에게 다상(茶床)을 바치는 제도와 왕의 행차 때는 반드시 다방(茶房)의 관원과 소속원들이 수행하여 다담 준비를 하였다. 다방은 세종 29년(1447) 2월에 사존원(司尊院)으로 바뀌었고 식장의 준비, 차와 창고 관리, 의식에 직접 참례하는 것과 양전 내주방에 소채를 공급하고 미포를 출납하는 일과 이궁을 수직(守直)하는 일, 낙천정의 수직 등이 주요 업무였다.

내시부에 소속된 상다(尙茶)라는 정3품 벼슬은 내시 출신의 관리가 임금이나 비빈(鼻嬪) 및 왕세자에게 차를 올렸다. 사옹원(司饔院)에서는 각 궁전에 다색장리(茶色掌吏) 2명씩을 보내어 차 의례를 받들게 하였으며, 각 궁전에는 상당량의 차가 매일 상공(上供)되었다. 임진왜란 때 선조가 피난 가던 중 내시에게 술을 올리고 차를 올리라 하였으나 가져오지 못했다는 내용과 숙종 원년(1675)에 복평군(福平君)이 밤낮으로 차를 마신다는 기록이 있다.

---

75) 정동효·윤백현·이영희,《차생활문화대전》, 홍익재, 2012.
76) 茶偈는 제의에서 영가에게 獻座한 후에 차를 바친 후 부르는 노래로서 '헌다게'라고도 한다.
77) 鄭英善,《다도철학 (개정증보판)》, 너럭바위, 2010, p. 76.

내전의 부녀자들도 일상으로 차를 마신 기록으로는 《단종실록(端宗實錄)》에 중궁전(中宮殿)의 은다완(銀茶碗)을 만든다고 상의원(尙衣院)에 알렸음을 알 수 있다.

서민들에게는 봉차(封茶)[78], 시집가서 시가(媤家)의 선영에 차를 올리는 선령다례(先靈茶禮), 대명절의 제사 차례(祭祀 茶禮) 등의 풍속으로 차가 보급되었다.[79] 신부가 신랑 부모와 그 시가의 조상, 신령 앞에 배례(拜禮)할 때는 반드시 신부가 손수 달인 차를 올렸다. 이것은 차의 오미(五味)를 깨치게 하여 그 어떤 어려운 시집살이라도 잘 견뎌내어 고진감래(苦盡甘來)의 결의를 조상에 받친다는 의미였다. 봉채(封采)는 납폐와 같은 말로, 혼인 전에 신랑 집에서 신부 집으로 비단(采) 등 예물과 예서(禮書, 혼인이 성립된 것을 감사하는 글)를 함에 넣어 보내는 절차이다. 이러한 풍습은 차가 생산되는 지방에 국한된 것으로 여겨지나, 민간에서 차를 가정의 상서로운 일과 연관시켜 활용하였다.

차가 심신(心身)의 나쁜 기운을 없앤다고 믿었기에 백성들은 「茶」자를 부적으로도 사용하였다. 단옷날 오시(午時)에 주사(朱砂)로 「茶」자를 써서 붙이면 사갈(蛇蝎: 뱀과 전갈, 싫고 불쾌한 사람을 뜻하기도 함)이 접근하지 못한다고 믿었다.

이외에도 조선 초부터 차세(茶稅)가 과중하여 차를 기피한 사실이 있으며, 중엽부터는 차의 공납(貢納)이 더욱 심하였다. 백성들은 관청의 차 공납에 시달려 산속에 심어진 차에도 세금이 나올까 두려워하였으며, 승려들은 마시던 차를 숨길 정도였다.[80] 급격히 늘어난 수요에도 불구하고 차의 재배 및 생산이 산업화하지 못한데다 관청의 차세(茶稅)까지 겹쳐 농가는 오히려 차나무를 불태워 버리거나 베어버리기도 하였다.

중엽 이후에는 임진왜란(壬辰倭亂)과 병자호란(丙子胡亂)의 국란으로 국가의 경제가 파탄에 이르자 차는 자연히 쇠퇴하게 되었다. 전화(戰禍)에 목숨을 연명하기조차 어려운 여건에서 음다(飮茶)생활은 소멸하고 다시(茶時)나 다모(茶母) 등도 본래의 뜻이 없어지고 형식적으로만 남게 되었다.

여러 가지 사정으로 인하여 조선시대의 음다풍(飮茶風)은 쇠퇴하였다. 그러나 조선 후기

---

78) 옛날 혼담이 성립되면 차 한 봉지를 양가에서 주고받는 것을 말한다. 지금은 봉차를 봉채(封采: 혼례식을 하기 전에 신랑 집에서 신부 집으로 채단과 예장을 보내는 일 또는 그 물건) 또는 봉치라고 한다.

79) 《용재총화(慵齋叢話)》에도 제사에는 차가 쓰였다고 기록되어 있다.

80) 김종직이 관청용 차밭을 새로 일구어 차 공납을 자체 충당할 것으로 미루어, 조선 초에도 차나무 재배나 제다 등의 증산정책이 거의 없었던 것 같다.

왕실과 사원을 중심으로 미약하게나마 유지되던 조선의 차문화가 조선 후기 19세기에 접어들면서 새로운 부흥기를 맞이한다.

다산(茶山) 정약용(丁若鏞, 1762~1836), 자하(紫霞) 신위(申緯, 1769~1845), 추사(秋史) 김정희(金正喜, 1786~1856), 초의(草衣) 의순(意恂, 1786~1866) 등을 중심으로 차문화가 실학과 함께 중흥하게 된다. 정약용은 강진(康津)에서 유배생활 동안 혜장(惠藏)과 교류하며 차를 즐겼고, 혜장이 열반한 이후에는 고유의 제다법(製茶法)으로 차를 생산하고, 스스로 다산(茶山)이란 호를 사용하였다. 추사(秋史)는 차문화와 예술의 환경을 만들어냄으로써 더욱 멋스러운 예술의 경지로 끌어올린 인물로 「명선(茗禪)」[81]을 비롯하여 「죽로지실(竹爐之室)」, 「다반향초(茶半香初)」 등의 글귀는 이를 잘 말해준다.[82]

그림 Ⅲ-5. 「茗禪」
출처: 간송미술문화재단

해남의 초의선사와 명문대가 석학들과의 특별한 교유의 중심에 있었던 것이 바로 차(茶)였다. 초의는 사대부와의 학문적 교류를 바탕으로 구체적으로 차를 재배하고 법제하는 새로운 경지를 연 전다박사(煎茶博士)로 <동다송(東茶頌)>을 저술하였고, 차에 대한 이론을 정립하였다. 「초의차」는 「다산차」와 동일한 제다법으로, 떡살에 네모지고 둥글게 찍어낸 작은 것부터, 큰 덩어리의 떡차와 벽돌차까지 만들었다. 민간에서는 차를 두통약·소화제·해독제 등으로 평소에 차를 마시지 않는 집에서도 처마 밑이나 뒷방에 떡차를 매달아 두어 가정상비약으로 사용하였다.

초의차의 이론을 체계화하고 초의의 다도를 계승한 범해(梵海) 각안(覺岸)은 당시 한국의 명품 차가 나던 지역은 보림사와 지리산 화개동, 함평, 무안, 강진, 해남, 광주의 무등산, 백양사, 불회사, 월출산 등이라 하였다. 특히 보림사 백모차는 초의가 완호의 탑명을 부탁하며 신위에게 보냈던 차였고, 지리산에서 만든 차는 김정희도 극찬했다. 해남에서는 초의차가 우수한 다품(茶品)으로 회자되었으며, 불회사나 월출산은 예로부터 차의 명산지로 이

---

81) 명선(茗禪)이란 '차를 마시며 선정에 들다.' 혹은 '차를 만드는 선승(禪僧)'이라는 뜻이다. 추사는 '명선'이라 쓴 큰 글씨 좌우에 이 글씨를 쓰게 된 사연을 직접 썼다. "초의(草衣)가 스스로 만든 차를 보내왔는데, 몽정(蒙頂)과 노아(露芽)에 덜하지 않다. 이를 써서 보답하는데, [백석신군비(白石神君碑)]의 필의로 쓴다. 병거사(病居士)가 예서로 쓰다." 라는 내용이다.

82) [박정진의 차맥] <63> 조선 후기 선비 차인들 ⑬ 차향을 문향과 예향으로 옮긴 추사 김정희, 세계일보: 2013. 7. 25.

름이 높았으며, 함평과 무안에서 생산되었던 차도 당시 유명했던 것을 알 수 있다.[83]

이외에도 19세기에는 신분과 계층을 초월해서 차에 관한 저술이 이어졌는데, 그 중《임원십육지(林園十六志)》와《오주연문장전산고(五洲衍文長箋散稿)》에 가장 방대한 내용이 실려 있다. 이와 같은 차 관련 기록들은 당시 시대적 상황을 반영하는 것으로, 사회 전반에 차에 관한 관심이 고조되고 조선 후기에 차문화가 재도약할 수 있는 사회적 분위기를 반영하고 있음과 무관치 않다.[84] 다만 백과사전류의 특성상 창조적인 내용보다는 재편집의 성격이 강하여 아쉬운 점이 되고 있다.

(6) 근·현대의 차문화

차문화는 조선조 말 일본의 침략으로 더욱 피폐해져서 해방 이후까지 차문화란 생각하기 어려울 정도가 되었다. 한편으론 일인(日人)들이 차문화교육과 육성에 대한 논의도 있었지만, 이는 우리 민족이 지향하는 차문화의 보급과는 전혀 다른 의도가 숨겨져 있었다.

지난 60여 년 동안 한국 차문화계의 주요한 연혁과 활동 등을 조사하여 정리한 다음 이를 토대로 한국 차문화의 발전과정을 살펴보기로 한다.[85] 편의상 지난 60여 년을 5단계로 나누었는데, 제1단계는 1948년부터 1969년까지이고 제2단계 부터는 10년 단위로 끊었다.[86]

제1단계(1948년-1969년, 배태기)는 주로 민족의 선각자들이었던 의재 허백련과 효당 최범술 등에 의해 우리의 차문화가 명맥을 유지했던 시기라고 할 수 있다. 5. 16 이후 외국 홍차와 커피의 수입이 전면 금지되자 서둘러 국산 홍차를 생산하기 위한 제다업체들이 생겨났고, 정부에서도 농특사업으로 다원의 조성을 장려하기도 했다. 하지만 겨우 30ha의 차밭

---

83) 박동춘,《초의선사의 차문화 연구》, 일지사, 2010, p. 245.

84) 金喜子,《백과사전류로 본 조선시대 茶 문화》, 국학자료원, 2009, p. 207.

85) 한국 차문화의 발전과정을 살펴보기 위해 참고한 문헌은 崔啓遠 著,《우리茶의 再照明》(1983), 金明培 著,《茶道學》(1994), 석용운지음,《한국차문화강좌》(2002), 朴鐘漢 지음,《五性茶道》(2006), 해인사 다경원 편,《茶爐經卷》(1991, 1993, 1995), 김대성 著,《차문화 유적답사기》(2001), 장헌식 지음,《진주시민과 茶생활》(2001), (사)해남다인회 편,《海南의 茶文化》(2008), 이기윤 편저,《저널리스트의 눈에 비친 茶道 熱風》(1987), 전완길 외 8인 공저,《한국 생활문화 100년》(1995) 등인데, 이 밖에도 각종 잡지와 신문 그리고 인터넷 검색자료 등을 두루 참고했다. 아직도 조사가 미진한 부분은 이후 계속해서 추가할 것임을 밝혀둔다.

86) 조기정,《한·중 차문화 연구》, 학연문화사, 2014, pp. 49-61. <한국 차문화의 발전과정과 연구 현황 고찰> 정리.

에서 생산되는 국산홍차에 매달리게 되어 공급량의 절대 부족 현상을 초래할 수밖에 없었다. 66년 말부터 센 찻잎은 물론이고 심지어는 불순물이나 색소를 첨가한 이른바 엉터리 홍차가 시중에 유통되기 시작하다가 급기야 70년대 중반에 가짜홍차사건이 터지고 만다. 외국 홍차와 커피에 길들여진 소비자들로부터 엉터리 홍차가 푸대접을 받는 것은 당연한 결과였다. 이러한 어려움 속에서도 의재와 효당이 있어 우리의 차문화계를 지켜주었고, 두 선각자를 따르던 사람들이 있어 고등학교에서 다도교육을 실시하기도 하고 월간잡지도 발행하였다. 이런 점들을 통해서 극히 어려운 시기였음에도 불구하고 우리 차문화의 싹은 이미 배태되었다고 할 수 있다.

제2단계(1970년-1979년, 태동기)는 가짜 홍차사건으로 우리 차문화계가 홍역을 치르면서도 한국 차문화라는 옥동자의 탄생을 위해 힘차게 태동하던 시기였다. 국산홍차를 외면한 소비자들이 청량음료나 대용차로 눈을 돌렸지만 이를 극복하기 위해 학자들도 연구에 열을 올리고 제다업체도 몸부림을 쳤다. 어려움에 빠진 농가를 돕기 위해 한국제다의 서양원은 보성 회천의 농민들과 50ha의 다원을 계약 재배하기도 했다. 뜻있는 차인들이 다투어 차에 대한 저서와 번역서를 출판했고, 차인들의 힘을 결집하기 위해 전국적인 법인체나 각종 차 모임을 조직하기 시작했다. 원로 차인들은 차문화 유적지의 중요성을 간파하여 일지암을 복원하고 야생차밭을 조사하기 위해 전국을 누비기도 했다. 한국 차문화의 탄생을 위한 제반 노력이 경주되었기 때문에 제2단계는 한국 차문화의 태동기라 할 수 있다.

제3단계(1980년-1989년, 유아기)인 1980년대는 한국이 새롭게 세계무대에 우뚝 섰던 시기였다. 덩달아 한국 차문화도 세계무대에 탄생을 알리고 새로운 걸음마를 시작한 유년기라고 할 수 있다. 국력의 신장으로 해외여행을 자유화하고 86아시안게임과 88올림픽을 성공적으로 개최하였다. 이를 통해 가장 한국적인 것이 가장 세계적이라는 자부심을 갖게 된 것이다. 우리 전통문화의 우수성을 새롭게 인식하고 문화공보부와 문교부 등 정부가 나서서 전통차문화의 진흥을 서둘렀다. 보건사회부에서도 국산차의 보급을 위해 각종 시책을 시행했다. 이런 노력의 결과로 전문대학에서 전통다도교육이 실시되고 제다업체도 증가되었다.

특히 주목할 만한 사실은 차의 대중화를 위해 대기업인 태평양화학(주)이 차 시장에 뛰어든 것이다. 여기에는 차의 대중화를 절감한 한국제다 서양원의 역할이 컸다. 이로써 차의 대중화를 위한 발판이 마련된 것이다. 태평양화학(주)은 이후 한국 차 산업을 선도하며 월간지 발행과 박물관 개관 그리고 문학상 공모 등을 통해 한국의 차문화 발전에 이바지하고 있다. 또한

학회가 창립되고 각종 연구회도 결성되어 차문화연구의 기틀을 마련했다. 전국대학다도연합회가 결성되고 전국적인 차인 조직도 늘어났다. 각종 차문화 잡지도 잇달아 창간되어 차문화의 홍보와 차산업의 발전에 일조를 하였다.

제4단계(1990년-1999년, 소년기)는 한국의 차문화가 본격적으로 발전하기 위해 초석을 다진 시기로서 소년기라고 할 수 있다. 우선 개인과 단체가 차문화연구의 필요성을 절감하고 개인연구소와 연구회를 설립하여 연구 성과를 발표하기 시작했다. 정부에서도 전남농촌진흥원 산하에 보성차 시험장을 개장하여 자연과학분야인 육종과 재배 등에 대한 연구를 시작했다. 학자들도 한국차학회를 창립하여 차 관련 연구자들의 보금자리를 마련하였다. 해인승가대학 다경원에서는 1988년부터 매월 발행했던 「茶爐經卷」을 세 차례에 걸쳐 합본으로 출판하여 차인들의 박수갈채를 받았다. 김대성이 《차문화 유적답사기》를 출판하여 차문화 유적에 대한 차인들의 관심을 한층 고조시켰다. 또한 석용운의 노력으로 제4회 국제무아차회가 서울에서 개최되어 한국 차문화의 위상을 세계 차문화계에 과시하기도 했다.[87]

한편 지나친 서구화로 인해 우리의 전통예절이 무너져가는 현실을 직시한 여성 차인들이 중심이 되어 다투어 한국 여성의 예절교육을 위한 법인체들을 개원하였다. 한국의 차문화 교육은 차를 매개물로 교육을 하지만 교육의 내용과 방법 그리고 목표에는 차문화 교육은 잘 드러나지 않고 오히려 예절과 정신 함양이 부각되고 있는 것이 현실이다.[88] 이렇게 전국 규모의 차인 법인체와 단체들이 늘어나면서 한국의 차문화계는 점점 활기를 찾아가기 시작했다. 수많은 차인들을 동원한 대규모의 전국적인 각종 행사들이 일반 대중들의 관심을 끌면서 차문화 홍보와 보급에 주도적인 역할을 하였다. 반면 1990년대까지도 대학이나 대학원에 차문화를 교육하는 정규의 학과가 개설되지 못하다가 1999년에 가서야 성신여자대학교 대학원에 전통문화산업학과가 개설되어 예절다도학을 교육하기 시작했다.

제5단계(2000년-2009년, 청년기)는 한국 차문화가 본격적으로 발전하기 시작한 시기로 바야흐로 청년기에 접어들었다고 할 수 있다. 청년기에 접어든 한국 차문화계의 가장 두

---

87) 無我茶會는 1989년에 臺灣에서 만들어진 茶會의 한 형식인데, 국제무아차회는 1990년 가을 臺灣의 臺北市에서 한국의 釋龍雲과 臺灣 육우다예중심의 蔡榮章 그리고 일본 매다진류의 家元 正木義完이 중심이 되어 시작되었다. 국제무아차회는 제4회까지는 매년 개최되었으나 제5회부터는 격년제로 열리고 있다. 지난 2007년에는 서울과 익산 등지에서 제11회 국제무아차회가 개최되었다. 무아차회에 대해서는 拙稿, 《중국 무아차회 고찰》(2009)을 참조.

88) 조기정, 이경희, 《차와 인류의 동행》(2007) 45쪽 참조.

드러진 변화는 우선 대학과 대학원에 차문화와 관련된 학과가 개설된 것이라고 할 수 있다. 성신여자대학교 대학원(1999년)을 선두로 성균관대학교 대학원(2000년), 부산여자대학(2002년), 한서대학교 대학원(2002년), 원광디지털대학교(2004년), 목포대학교 대학원(2004년), 원광대학교 대학원(2004년), 서원대학교(2006년), 나주대학(2002년), 전남도립대학(2008년), 동국대학교 대학원(2008), 조선대학교 대학원(2009년), 계명대학교 대학원(2009) 등에 정규학과가 개설되어 차문화와 차산업의 발전을 선도하고 있다.

둘째로 차문화와 차산업이 당당하게 문화와 산업의 한 분야로 자리를 잡은 점도 주목할만한 변화이다. 차를 잘 만드는 사람에게 영예로운 명예박사학위를 수여하거나 명인으로 선정하여 표창하고, 전통다례에 뛰어난 사람을 무형문화재로 지정하거나 훈장을 수여하는 등이 이를 증명하고 있다.

마지막 변화로는 전국 주요 대도시를 중심으로 차를 주제로 하는 국제규모의 다양한 박람회가 열리기 시작한 점을 들 수 있다. 이러한 박람회를 통해 국내외의 차문화 교류를 증진시키고 나아가 차문화의 발전은 물론 차산업과 차문화산업의 발전을 촉진시키고 있다.

2. 한국의 차서와 차도구

1) 한국의 차서

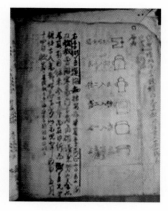
그림 Ⅲ-6. 《부풍향차보》

(1) 《부풍향차보(扶風鄕茶譜)》

《부풍향차보》[89]는 이운해(李運海, 1710~?)가 고창 선운사 인근의 차를 따서 7가지 약재(藥材)를 조제해서 만든 기능성 향차(香茶)의 제다법을 기술하였다(10월부터 11월과 12월 찻잎 채취). 《부풍향차보》는 1755년, 또는 1756년에 지어진 우리나라 최초의 전문 다서

---

89) 황윤석(黃胤錫)(1729-1791)의 일기인 《이재난고(頤齋亂藁; 1757년 6월 26일자 일기)》에 그림과 함께 인용되어 있다.

다. 초의의《동다송》보다 80년, 이덕리의《동다기》보다 28년 앞선다.

서문과 「다본(茶本)」·「다명(茶名)」·「제법(製法)」·「다구(茶具)」의 네 항목으로 구성되어 있다.

(2)《동다기(東茶記)》

《기다(記茶)》, 즉《동다기(東茶記)》[90]는 이덕리가 1785년을 전후해서 지은 것으로, 1837년에 지어진 초의의《동다송(東茶頌)》보다 적어도 50년가량 앞선 것으로 보인다.

그림 Ⅲ-7.《동다기(東茶記)》

이덕리는 당시 조선시대 일반 백성들은 생활주변에 있는 차나무를 보고도 그것이 어디에 쓰이는가를 알지 못하고 약용으로만 사용하는 시대적 상황에 대하여 기록하고 있다.

(3)《동다송(東茶頌)》

조선 후기 초의(草衣)가 정조의 부마 해거재(海居齋) 홍현주(洪顯周)의 부탁을 받고 송(頌) 형식으로 지은 7언 고시체(古詩體) 송시(頌詩)이다(丁酉年, 1837). 각종 다서(茶書)에서 관련된 부분들을 인용하고, 東茶(우리 차)의 내용을 운문의 형식으로 표현해 그 가치를 문학적으로 인정받고 있다.

그림 Ⅲ-8. 「동다송」:
태평양박물관 소장

---

90) 2006. 9월 정민교수가 자이당(自怡堂) 이시헌(李時憲, 1803-1860)의 거처가 있던 백운동 원림에서 《강심(江心)》이란 제목의 필사본을 발견하였다. 이시헌은 다산이 강진 시설 막내 제자이고 그의 5대 손인 이효천이 당시 백운동을 지키고 있었다. 정민, 《새로 쓰는 조선의 차 문화》, 김영사, 2011, pp. 41-55. 현재는 이효천이 작고하여 백운동은 관리가 제대로 되고 있지 않았다.

(4) 《다부(茶賦)》

《다부(茶賦, 1495)》[91]는 《기다(記茶) · (東茶記)》보다 300여 년 빠르고, 《동다송(東茶頌)》보다 약 350여 년을 앞선 기록이다.

한재(寒齋)이목(李穆, 1471~1498)이 중국에 가서 직접 체험한 차생활을 바탕으로 차의 심오한 경지를 노래하였다.

이 책의 본문에서는 차의 여섯 가지 덕[六德]을 논했는데, 첫째, 오래 살게 한다. 둘째, 병을 낫게 한다. 셋째, 기운을 맑아지게 한다. 넷째, 마음을 편안하게 한다. 다섯째, 사람을 신령스럽게 한다. 여섯째, 사람으로 하여금 예절을 갖추게 한다고 설파하였다.

그림 Ⅲ-9. '다부'가 수록된 「이평사집」

2) 한국의 차도구[92]

(1) 다관(茶罐)

다관은 찻잎을 우려내는 기능성이 강조된 도구로서 첫째, 거름망이 가늘고 섬세하게 잘 되어 차 찌꺼기가 새어 나오지 않아야 하며 둘째, 꼭지가 잘 만들어져 차를 따를 때 찻물이 잘 멈추어서 흘러내리지 않아야 한다. 즉 출수(出水)와 절수(切水), 금수(禁水)가 잘 되어야 한다.

(2) 찻잔(茶盞)

도자기 제품을 주로 사용하고, 흰색이 우려낸 탕색을 제대로 감상할 수 있어서 좋다. 찻잔의 형태를 보면, 잔의 입이 넓고 크며 밑이 좁고 크기가 큰 다완(茶碗)이 있고, 입과 밑의 넓이가 비슷하고 굽이 높으며 수직으로 생긴 다구, 사원(寺院)의 범종(梵鐘)과 모습이 같고

---

91) 다부 원문은 《이평사집(李評事集)》에 수록되어 있으며, 《이평사집(李評事集)》은 한재 이목선생의 글을 모은 문집으로 선조 18년(1585) 한재선생의 아들이신 감사공 세장(世璋)이 수습성책하고, 손자인 무송현감 이철(李鐵)이 2권 1책의 《이평사집(李評事集)》 간행하였다.

92) 신수길, 《茶道具 차생활의 모든 것》, 도서출판 솔과학, 2005.

크지만 작게 축소시켜서 만든 다종(茶鍾) 모양, 다완을 줄여서 만든 입은 넓고 밑은 좁으며 굽도 낮은 찻잔(茶盞)이 있다. 잔 굽이 높으며 한 손으로 잡을 수 있는 것으로 장수가 전장에 나아갈 때 말 위에서 마시는 마상배(馬上杯), 중요한 의식에 쓰이는 헌다잔(獻茶盞), 양이잔(兩耳盞)[93] 등이 있다.

(3) 숙우(熟盂)

녹차를 우리기 위해서는 끓인 물을 알맞은 온도로 식히는 다기를 식힘사발 또는 숙우, 귀때사발, 귀대접이라고 한다. 옛날에는 숙우를 사용하지 않고 계절에 따라 투다법(投茶法)을 써서 물의 온도를 알맞게 맞추었다. 차호에 먼저 차를 넣고 탕을 부어 넣는 것을 하투(下投), 차호에 탕을 반쯤 붓고 차를 넣은 뒤 다시 탕을 붓는 것은 중투(中投), 그리고 하투와 반대로 탕을 붓고 차를 넣는 것이 상투(上投)이다.

이외에도 탕관(湯罐), 찻잔받침(茶托), 차시(茶匙), 차건(茶巾), 찻상보, 버림그릇(退水器), 물바가지(杓子), 물항아리(水桶), 화로(火爐), 다조(茶竈), 다선(茶筅), 향로(香爐), 차통(茶桶), 다과상(茶果床), 그리고 다실(茶室)과 그 분위기에 맞는 꽃꽂이, 서화의 족자, 운치 있게 꾸밀 수 있는 것으로 동양란, 수석, 분재 등을 겸해서 갖추어도 좋을 것이다.

그림 Ⅲ-10. 숙우(熟盂)

---

93) 세종은 나라를 융성시키면서 길례와 가례 등 모든 법식을 정하여 백성들에게 예에 맞춰 살도록 권장했다. '오례의'에는 각종 의례에 사용하는 갖가지 그릇도 그려서 따르게 했다. 이에 따라 만든 잔이 바로 양이잔 또는 쌍이잔(雙耳盞)이다. 이런 잔은 15세기 말 16세기에 경기도 광주의 사용원 분원에서 만들어 궁중과 상류층에 공급했다. 국민일보, <조선 관요의 고급 백자, 양이잔>, 최성자(문화재청 문화재위원), 2014. 05. 16

Ⅳ. 일본의 차문화

1. 일본의 차문화사

1) 일본차의 역사

일본차의 전래 시기는 분명하지 않지만, 7세기 이후 음다(飮茶)의 풍습이 전해지고 9세기 초에는 차나무가 전래한 기록이 있다. 나라시대(奈良時代: 710~794) 견당사(遣唐使)로 간 승려들은 당시 당(唐)의 음다풍속과 음다법(飮茶法)을 체험하고 받아들였을 것으로 생각된다. 반면 차를 마신 확실한 증거로는 쇼무(聖武)시대(729)에 행다(行茶)의식이 치러졌다는 것에서 알 수 있다. 그때 사용된 것으로 보이는 청자다완(靑瓷茶碗)이 일본 왕실의 유물 창고인 쇼소인(正倉院)[94]의 유물 중에 남아있다.

차나무가 처음 이식된 시기는 헤이안시대(平安時代: 794~1192)로, 당(唐)에 건너간 805년 천태종(天台宗)의 개조(開祖)인 사이초(最澄, 767~822)가 시가현(滋賀縣) 오츠시(大津市) 「히에리잔(比叡山) 연력사(延曆寺)」에 차나무를 심었고, 현재에는 히요시다원(日本最古茶園, 日吉大

그림 Ⅳ-1. 일본에서 가장 오래된 히요시다원(日吉茶園)

社)이 남아있다.[95] 그 차나무는 지금도 사카모토(坂木)에 일부 남아 천연기념물로 지정되어 있으나 사실 여부는 여전히 확실하지 않다.

806년 진언종(眞言宗)의 개조(開祖) 쿠가이(公海, 774~835)는 나라현(奈良縣) 우다시(宇

---

94) 창건연대는 쇼무왕(聖武王) 대인 덴뵤(天平) 연간(729~749)으로 추정되며 일본이 세계 제일의 보물창고라고 자랑하는 왕실의 유물창고로 지금은 모두 없어지고 한 동만 남아 있다(한국고중세사사전, 2007. 3. 30. 가람기획).

95) 僧の最澄, 空海が中國(唐)から茶種を持ち歸り, 比叡山のふもとに植える.

그림 Ⅳ-2. 대화차(大和茶)
발상지 전승기념비

陀市)에 야마토차(大和茶)를 전하였고, 불륭사(仏隆寺)에
는 대화차 발상지 전승기념비와 다구(茶臼)와 함께 차나무
가 보존되어 있다.

정사의 기록으로《일본후기(日本後記)》에 의하면 사가
천왕(嵯峨天皇, 786~842)이 범석사(梵釋寺)에 들러 그곳 승
려 에이추(永忠, 742~816)가 직접 달여 준 차를 마셨다고
한다(815년).[96] 위의 사이초(最澄), 쿠가이(公海), 에이추(永
忠)는 모두 견당사의 임무를 마치고 돌아왔고 이들 3인이
처음 일본에 차나무를 전파한 인물들로 거론되고 있다. 그
뒤에도 차는 중국에서 수입되어 귀족과 승려 사이에서 성
행하였는데, 894년 견당사가 폐지되자 일본과 당의 교류도
끊어지면서 차 수입도 중단되었다. 일본에서도 찻잎은 생
산되었다고 하지만 당시는 기술부족 탓도 있어 그 후 일시
음다풍습(飲茶風習)은 쇠퇴하였다.[97]

역사적으로 대륙의 차가 일본으로 전래한 시기는 헤이
안 시대(平安時代, 794~1192)로 거슬러 올라갈 수 있지만,
실제로 차가 유행한 것은 중국에서 차 종자와 함께 차 도구
와 예법을 일본에 가지고 돌아오면서부터이다. 차와 차도
구를 송(宋: 960~1279)에서 1192년 가지고 돌아온 에이사
이(榮西禪師, 1141~1215)는 교토(京都) 도가노오(栂尾)의
묘에상인(明惠上人, 1173~1232)에게 차를 심게 하였다.[98]

그림 Ⅳ-3.「高山寺」境内
『日本最古의 茶園』

묘에상인은 자신이 세운 고산사(高山寺) 인근에 차나무를
심게 되었고, 이 지역의 지질이 차나무 성장에 적합했기 때문에 상질의 차가 생산되기 시작
하였다. 이후 도가노오 지역의 차는 본차(本茶), 그 외 지역에서 생산하는 차는 비차(非茶)

---

96) 타니 아키라,《한국과 일본의 차문화》, 노무라미술관관장, 2013, p. 260.

97) 이진수 · 서유선,《일본다도의 이해》, 이른아침, 2013, p. 18.

98) 金明培,《日本의 茶道》, 圖書出版 保林社, 1987, p. 46. 에이사이가 가져온 것은 차씨가 아니라 차의
묘목이었을 것이라는 추측도 있다.

로 구분 지었다.[99] 이 시기를 기점으로 차나무는 일본 전역으로 전파되기 시작하였다.

에이사이(榮西禪師)는 차가 단순히 마시고 즐기는 것뿐만 아니라 만인의 병에도 효용이 있는 약으로《끽다양생기(喫茶養生記: 1214)》를 집필해 가마쿠라(鎌倉時代: 1185~1333) 막부의 3대 장군 미나모토노 사네토모(源實朝, 1092~1219)에게 헌납했다. 막부의 최고 권력자가 차를 건강에 이로운 묘약으로 인정하자 끽다(喫茶)풍습은 상류계급, 특히 선승과 교류가 있던 무사(武士) 사이에 유행하기 시작하였다. 이리하여 차가 교토(京都)에서 가마쿠라(鎌倉)로 옮겨가 유행하면서 송대(宋代)에 사용하던 차도구도 함께 수입하게 되었다.

무로마치(室町時代: 1336~1568)가 시작될 무렵이 되자 끽다풍습(喫茶風習)은 더욱 번성하게 되었다. 무로마치 초기가 되면서 이미 일반인 사이에서도 유행한다. 그러나 차가 사치에 빠져 유희의 하나로 인식되어 무사계급에서는 화려한 의상으로 치장하고 호화로운 식사 후에 마신 차를 알아맞히는 경합이 유행하게 된다. 이러한 경합은 '투차(鬪

그림 Ⅳ-4. 江戸後期「鬪茶道具」

茶)'의 형식으로 변화되어 가는데 정확한 발생연대는 알 수 없으나 가마쿠라(鎌倉) 말기부터 무로마치 중기까지 특히 난보쿠죠우(南北朝時代: 1336~1394)에 차를 알아맞혀 승부를 겨루는 놀이로 유행하였다. 당시 투차는 순수하게 비차(非茶)를 가려내는 차 겨루기에서 점차 발전하여 차 맛의 우열을 가리는 투차로 변화해 갔다. 여기에서 본차(本茶)는 교토(京都) 도가노차(栂尾茶), 그 외 지역에서 생산하는 차는 비차(非茶)로 규정지었다. 투차는 처음에는 순수하게 발전하였으나 점차 도박성을 띠고, 대소 권력자가 자신의 취향을 과시하는 무로마치 무가들의 다회는 부와 재력을 과시하는 장소로 이용되어 문인풍의 차와는 거리가 멀어져 갔다. 이처럼 전란시대(戰亂時代)의 유희(遊戲)로 유행된 차의 형식은 점점 더 성행하여 이를 단속하는 법률이 만들어질 정도였다.

무로마치시대(室町時代) 초기 3대 장군인 아시카가 요시미쓰(足利義滿, 1358~1408)는

---

99) 僧の榮西が中國(宋)から歸り, 日本にお茶を飮む習慣を廣める. 明惠が榮西から分けられた茶種を京都の洛西・栂尾(高山寺), 宇治などに植え始める(宇治の茶栽培始まり).

그림 Ⅳ-5. 은각사 내 동구당

1378년에 우지(宇治), 도가노(栂尾), 다이고(醍醐)의 3곳을 「차의 佳地」로 정하여 국가에서 차나무 재배를 촉진하였고 기타야마(北山)문화의 대표격인 로쿠온지(金閣寺)를 완성한다.

8대 장군 아시카가 요시마사(足利義政, 1436~1490)는 히가시야마(東山)문화의 상징인 자조사(慈照寺, 지금의 銀閣寺) 내에 동구당(東求堂)를 세워 조용히 자신의 취미생활을 하며 승려들과 교제를 하던 과정에서 차를 즐기게 되었다.[100] 아시카가 요시마사는 도보슈(同朋衆)[101]였던 노아미(能阿弥, 1397~1471)[102]를 통해 칭명사(稱明寺)의 승려 한 사람을 만나게 된다. 그는 당시 성행하던 투차(鬪茶)의 악풍을 불식하고 간소하고 차분한 선종사원의 차 작법을 만들어 다도(茶道)에 정신적으로 높은 의미를 부여한 사람으로, 바로 다도의 시조라 일컬어지는 무라타 슈코(村田珠光, 1423~1502)이다.

이 시기의 투차를 즐겼던 무사들은 단순히 차만을 겨루는 것이 목적이 아니라 자신들을 문사적(文士的) 소양도 지니고 있음을 과시하였다. 기호음료로 등장한 차는 차 요리아이(寄合文化)라는 모임에서 투차(鬪茶)의 형식을 취하면서 무가사회(武家社會)를 중심으로 유행한다. 차 요리아이를 주연(酒宴)이 있는 연회나 투차라는 의미로 해석하고 있다. 차 요리아이의 참가자는 간단한 식사와 술을 마신 후에 끽다정(喫茶亭)이라는 2층 건물에서 점다법(點茶法)으로 차를 우려낸다. 차 요리아이는 생산지가 서로 다른 차를 마시고, 그 생산지를 알아맞히는 방식으로, 투차에 참석한 참석자들은 호화로운 복장, 화려하게 치장한 집기, 온갖 과일과 진수성찬, 경이로운 경품들, 이 세상에 있는 모든 호사의 극치를 보여주고 있다. 투차는 현대의 상상을 초월할 만큼 대단한 것으로 도박과는 비교되지 않았다. 당연히 막부

---

100) 재단법인 곤니치안(今日庵), 박민정 옮김,《일본다도의 이론과 실기》, 月刊 茶道, 2007, pp. 75-76.
101) 무로마치시대에 장군가에서 승려 차림을 하고 예능과 차, 그리고 신변의 잡무와 상담을 담당하던 자의 직명.
102) 아시카가 장군가의 7대 요시노리와 8대 요시마사를 모시던 도보슈. 렌가 시인이자 화가로 가라모노(唐物)와 관련된 사무인 중국의 다도구와 그림의 감정, 관리, 장식 등을 담당한 뛰어난 인물이다.

에서 금지령을 내릴 만큼 미풍양속을 해치는 사회현상이 되었다.[103]

이와 같이 무사 계급을 중심으로 즐기던 차문화를 흔히 서원차(書院茶)라 하고, 뮤라다 쥬코가 창안한 서민적이고 소박한 차문화를 초암차(草庵茶)로 구분 짓는다. 선종의 영향으로 무로마치시대 중반이 되면 중국 전래의 도자기나 직물을 감상하면서 조용하게 끽다를 즐기는 풍습이 무가(武家) 중심의 상류 계급에 퍼졌는데, 이를 '서원차(書院茶)'라고 부른다.

그림 Ⅳ-6. 서원차 차실과 초암차 차실

서원차와 초암차는 기본적으로 차를 마시는 공간상의 차이점을 기준으로 한 것으로 이 시기에 오늘날 일본 다도의 기본 틀이 형성된다.

그림 Ⅳ-7. 잇푸쿠잇센(一服一錢)의 茶: 東京國立博物館

권력자들에 의해 차가 유행하자 일반 백성에게도 차가 퍼져 거리나 절 앞에서 차를 파는 사람들까지 등장하게 되었다(1403년경).

이 다법은 상류계급의 차와는 달리 간소한 다법으로 차 한 잔이 1전이었던 데서 유래되어 잇푸쿠잇센(一服一錢: 中世 後半的 室町時代)차라 불리게 되었다.

무라타 슈코가 행한 다법(茶法)의 형식은 그 이전까지의 다회가 화려한 연회였던 것에 반해 차분하고 간소해졌다. 넓은 방에 병풍으로 두른 작은 공간을 만들어 그 안에서 차회를 즐겼는데, 다실을 다른 이름으로 '가코이(囲い)'라 하는 것도 여기서 유래하였다.

다케노 죠오(武野紹鷗, 1502~1555)는 무라타 슈코가 이상적으로 여긴 초암차를 한층 간소하게 바꾼 소위 와비차(わび茶)를 시작한다. 다선일미(茶禪一味)의 경지를 주장하였고,

---

103) 유정숙, <동양 삼국의 鬪茶에 관한 硏究> 성균관대학교 생활과학대학원 석사학위논문, 2009, pp. 25-26.

그림 Ⅳ-8. 大黑庵

작은 다실 속에서의 마음의 수양을 중시한 다케노 죠오에 이르러 이치고이치에(一期一會)의 다도 윤리가 생겨났다. 다케노 죠오가 만든 대흑암(大黑庵)이라는 다실은 매우 질박하고 간소하고 다이스(台子)[104] 데마에(点前)를 행하면서도 이로이(囲爐裏)[105]를 만들어 와비의 풍경을 즐기는 정신적인 면을 강조하였다.

다케노 죠오 와비차의 정신을 계승한 센리큐(千利休, 1522~1591)는 16세기 말 도(道)가 갖는 일상성과 구도성을 극한으로까지 추구하여 와비차(わび茶)의 다도를 완성하였다. 종래의 다실 크기를 절반으로 줄이고, 와비차에 어울리는 차도구로 높이 평가하였다. 센리큐의 와비라는 것은 '시중(市中)의 산거(山居)'라 하여 소중한 마음으로 여겼다. 도요토미 히데요시는 황금다실(黃金茶室)을 완성하여(1586) 정친정천황(正親町天皇)에게 차를 받친 기록이 남아있다.

그림 Ⅳ-9. 黃金의 茶室: MOA 美術館

센리큐가 죽은 후 그의 손자 천소탄(千宗旦)의 아들들이 오모테센케(表千家), 우라센케(裏千家), 무샤노코지센케(武者小路千家)의 산센케(三千家)가 독자적으로 차노유를 조직화한 '이에모토(家元制度)'는 지금도 큰 영향력을 행사하고 있다. 물론, 시대의 흐름에 따라 차의 형식(예법, 작법)은 변한 것이 있지만, 그 정신은 변하지 않은 채, 센리큐 사후 400여 년을 맞이하고 있다.

에도 시대(江戶時代: 1603~1867)에는 서민의 차문화가 발전하였고 차산업의 근대화가 이루어졌다. 1610년대는 네덜란드 동인도회사가 히라도(平戶)에 상선을 설치한 후에 유럽으로 일본차를 수출하기 시작한다.

나카타니소엔(永谷宗円)는 「靑製煎茶製法」즉, 증기로 찐 차를 배로(焙爐)에 건조하면서

---

104) 말차를 내는 점다(点茶)용 다도구의 한 종류, 다도의 규준과 작법의 근본을 이루는 도구로 서원처럼 넓은 다실에서 사용되며 가이구(皆具) 일식(一式)을 장식한다.
105) 다다미 아래를 네모나게 파서 만든 화로.

손으로 유념하는 제다법을 완성한다(1738). 그 후 100여 년 후 일본에서 최초로 옥로차(玉露茶) 제다법을 야마모토카헤에(山本嘉兵衛, 1811~1877)가 우지(宇治) 지방에서 개발한다. 차산업화의 계기가 될 수 있었던 사건으로는 다카바야시겐조(高林謙三: 1832~1901)의 제다 기계 개발, 스기야마히코사부로(杉山彦三郎: 1857~1941)의 야부키타「やぶきた」品種 선발이다.

그림 Ⅳ-10. 야부기따(藪北:やぶきた) 차나무

명치시대(明治時代) 이후, 제1회 교코박람회(1872)에서는 입식다도(立禮)를 새롭게 선보이게 된다. 우라센케(裏千家) 제11대 이에모토(家元)[106] 겐겐사이(玄玄齋)는 다다미에 무릎을 꿇고 하던 방식에 머물지 않고 의자에 앉아서 진행하는 류레이식(立禮式)[107]을 창안하여 보다 널리 일반인이 다도를 접할

그림 Ⅳ-11. 입식다도(立禮)

수 있게 하였다. 이는 새로운 시대에 맞는 다도를 새롭게 만들어낸 획기적인 결단이라고 할 수 있다.

2) 와비차(わび茶)의 완성

와비의 사전적 의미는 낙담, 골똘히 생각함, 번민, 고민, 괴로움, 한거(閑居)를 즐기는 것이다. 부족함에서 마음의 충족을 끌어내고, 서글픈 일상생활인 세속을 한적한 삶으로 느끼고

---

106) 이에모토(家元)제도는 전통 예능을 변형 없이 온전히 보존하였다는 긍정적인 면과 본래 자유로이 창의성을 발휘해야 할 예능의 세계를 틀에 묶어 고정시키고 금전적인 착취를 하게 되는 부정적인 면 등 양면성을 지니면서 발전하였다. 특히, 다도계에 있어서는 다도 인구의 저변 확대라는 현저한 특성을 지닌다. 강현숙, 《일본의 전다도》, 도서출판 조율, 2010, p. 109.

107) 우라센케 특유의 의자에 앉아서 데마를 하는 점다방식이다. 류레이는 특정 계절에 구애받지 않지만, 반드시 풍로를 이용한다. 대체로 여름에 어울린다고 할 수 있다.

그림 Ⅳ-12. 사카이 南宗寺 내의 實相庵

승화시킨다면 그것이 또한 아름다움이 될 수 있다는 미의식이 곧 와비(わび佗)라고 할 수 있다.

와비차는 일상 습관인 '끽다(喫茶)'를 중심으로 일상생활 중의 많은 요소를 도입하지만, 거기에 만들어지는 소우주(小宇宙)는 '市中의 山居'라는 비일상적인 세계이다. 일상적인 요소를 이용하지만, 비일상적 세계를 만들어낸다는 점에서 언뜻 보면 모순되는 행위를 포함하고 있는 것이다.

(1) 다선일미(茶禪一味)

차에 관한 수련을 통해서 얻는 경지와 참선을 통해서 얻는 경지는 같은 것이라는 이른바 다선일미(茶禪一味) 사상이 성립하게 되었다. 다도와 선은 행하는 바는 다르나 본체가 되는 마음과 도는 같다는 철학이다. 사상은 다케노 조오(武野紹鷗, 1502~1555), 센리큐(千利休, 1522~1591), 센소탄(千宗旦, 1578~1658)에 이르면서 명확하게 나타난다.

《선다록(禪茶錄)》(1828)에는 '차의 뜻은 곧 선의 뜻이다. 따라서 선의(善意)는 바로 차의 뜻이다. 선의 맛을 알지 못하면 차의 맛도 알지 못한다.'고 하여 다도는 단순히 유희와 예술에 그치기보다 인간 형성의 길이어야 한다는 자각이 퍼지면서 다선일미 사상이 더욱 심화되었다.

(2) 사규(四規):「화(和)·경(敬)·청(淸)·적(寂)」

다도정신은 「화·경·청·적」 속에 집약되어 있다.[108]

찻자리에서 화(和: 體貼之心)는 여러 의미를 내포하고 있으나 주인과 손님, 손님과 손님, 차도구와 주인, 차도구와 손님, 차도구들 끼리의 조합 등 모든 것이 조화를 이루는 것이 기본이 되는 것이다. 만인 공통의 기반에 서서 서로 인정하고 양보하여 한 자리를 이루는 것이다.

경(敬: 尊敬之心)은 사람은 결코 혼자 살아갈 수 없듯 자신을 둘러싼 모든 것에 존경의 마

---

108) 재단법인 곤니치안(今日庵),《일본다도의 이론과 실기》, 우라센케의 다도, 2007, pp. 21-23.

음을 갖고 서로 돕고 의지하며 살아간다. 주객이 함께 존엄한 인격이라는 점을 상호 간에 인정하고, 다른 인격에 대하여 경배하는 것이다. 찻자리에서는 단순히 차를 내어주고 마시는 관계가 아니라, 주인이 손님을 손님이 주인을 먼저 존경하는 마음을 가져야 하고, 차도구를 다룰 때도 주인과 손님 모두 매우 소중하게 다루어야 한다.

청(淸: 淸明之心)은 물리적인 청정 즉 눈에 보이는 맑음뿐만 아니라 마음속까지 맑다는 것을 의미한다. 이러한 마음은 오염과 혼탁함을 없애는 청(淸)의 마음으로 스스로 자신의 마음과 기분을 청결히 하고자 하는 바르고 순순한 마음가짐이 무엇보다 중요하다. 찻자리에서는 차실이 기본적으로 청결하고 차도구도 물론 깨끗하게 다루어야 한다.

적(寂: 平靜之心)은 어떤 상황에서도 흔들리지 않는 마음을 말한다. 변화 때문에 동요함이 없는 마음, 적연부동(寂然不動)의 심경을 말하며 열반(涅槃), 즉 대조화의 세계를 가리킨다. 나중에 실패하지 않기 위해 미리 준비해 두고, 찻자리에서는 많은 연습을 통해서 주인과 손님 모두 당황하지 않아야 한다. 물론 차실에서 여러 가지 원인으로 인해 남에게 피해를 주는 언행을 해서도 안 된다는 것을 의미하기도 한다.

(3) 리큐칠칙(利休七則)

리큐칠칙은 단순히 표면적인 의미만이 아니라 그 배경에는 다도의 가르침인 '화(和)·경(敬)·청(淸)·적(寂)'이라는 이념이 밑바탕에 깔린 철학이다. 따라서 이는 다도를 실천함으로써 얻을 수 있는 경지라 할 수 있다.

하나, 차는 마시기 좋도록 낸다.

둘, 숯불은 찻물이 잘 끓도록 피운다.

셋, 꽃은 들판에 피어 있는 것처럼 자연스럽게 한다.

넷, 여름은 시원하게 겨울은 따뜻하게 한다.

다섯, 시간은 조금 일찍 서두른다.

여섯, 맑은 날에도 우산을 준비한다.

일곱, 자리를 같이한 손님에게 배려한다.

(4) 이치고이치에(一期一會)

이치고이치에(一期一會)란 정말로 일생에 단 한 번뿐인 기회를 말하는 것이 아니라 일상적으로 반복되는 이치고이치에(一期一會)를 항상 의식해야 한다는 것을 의미한다. 이 책의 뒷부분에는 차회의 여정(餘情)이 마음에 남는 것을 독좌관념(獨坐觀念)이라는 행위와 연결시켜 더욱 깊이를 더해주고 있다.[109]

2. 일본의 차서와 차도구

1) 일본의 차서(茶書)

(1)《끽다양생기(喫茶養生記)》

현전하는 일본 최초의 차 전문서로 음다법을 널리 보급하고 선전하는 선구자적 역할을 하였다.

에이사이(榮西禪師, 1141~1215)가 상·하 두 권으로 음양오행(陰陽五行)의 변증법을 이용하여 끽다(喫茶)가 강심(强心)과 오장(五臟)의 건전은 물론 양생(養生)에 유익한 도리를 논술하였다.

그림 Ⅳ-13.《喫茶養生記》

(2)《남방록(南方錄)》

리큐의 다도정신과 마음가짐, 리큐와 관련한 일화를 전하는 고전으로 리큐 다도를 이해하는 데 가장 중요한 비전서(秘傳書)의 하나이다. <각서(覺書)>, <회(會)>, <선반(棚)>, <대자(臺子)>, <묵인(墨引)>, <멸후(滅後)> 등의 7권으로 구성되고, <비전(秘傳)>과 <추가(追加)>를 합

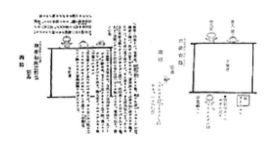

그림 Ⅳ-14.《南方錄》台子

---

109) http://www.hikone-150th.jp.

처 9권으로 보는 견해도 있다. 리큐가 세상을 떠나고 약 100년이 지난 시기에 리큐의 와비 차가 당시 사람들에게 어떻게 받아들여졌는지를 알 수 있는 점에서 귀중한 자료이다.

(3) 《다탕일회집(茶湯一會集)》

에도시대 후기의 다인인 이이 나오스케(井伊直弼, 1815~1860)가 집필하였다. 높은 다도의 정신을 적은 다도 사상서로 평가되고 차지(茶事) 순서와 주인과 손님의 작법을 적은 것이지만, 단순한 작법서가 아니라 작법 속에 감추어진 주인과 손님의 마음가짐을 설명한다는 점에서 일반적인 데마에(点前)[110] 중심의 책과는 구별된다.

2) 일본의 차도구[111]

차도구는 차를 내는 시기와 장소에 따라 사용하는 종류가 달라지며 유파(三千家)에 따라서도 차이가 있다. 다도는 크게 나누어 말차도(抹茶道)[112]와 전다도(煎茶道)의 형식이 존재한다.

(1) 가마(차솥)

'가마를 걸다'라는 것은 다회를 연다는 뜻이다. 가마는 화려하지도 않고 그저 수수한 도구이지만 시종일관 묵묵히 찻자리를 지키는 존재이다. 11월에서 4월까지는 로(爐; 방바닥을 파서 만드는 붙박이 화로), 후로를 사용하는 계절은 5월부터 10월로 여름 화로격인 풍로를 놓아서 불길이 멀리 있다는 느낌을 주어 청량감을 연출한다.

(2) 차이레(茶入)와 우스차기(薄茶器: 나츠메[棗])

차이레는 고이차(濃茶: 농차), 나츠메는 우스차(薄茶: 박차)를 보관하는 차도구이다. 차이

---

110) 데마에(点前)란 다실에 다도구를 가지고 와서 다다미 위의 정해진 위치에 놓고, 정해진 방법으로 다도구를 사용하여 차를 달이는 작법이다. 다도는 다실에 손님을 초대하여, 주인이 손수 손님에게 자신의 정성을 다하기 위하여 그토록 까다로운 데마에 작법이 존재하는 것이다.
111) 재단법인 곤니치안(今日庵), 《일본다도의 이론과 실기: 우라센케의 다도》, 서울, 2007. PP. 124-138. http://verdure.tyanoyu.net.
112) 엄격한 격식에 따라 말차(抹茶)를 저어 마시는 다도(茶道).

레의 뚜껑은 상아로 되어 있으며, 시후쿠(仕服)라고 하는 비단주머니에 넣어 둔다.

그림 Ⅳ-15. 시후쿠(仕服), 차이레(茶入)·나츠메(棗)

(3) 다완(茶碗)

말차를 마시기 위한 도구로 다회 도구 중에 유일하게 손님이 직접 다루는 도구이다. 크게 당물(唐物: 중국산), 고려물(高麗物: 조선산), 화물(和物: 일본산), 도물(島物: 동남아시아산) 등으로 나뉜다. 중국에서 건너온 천목다완(天目茶碗)이 먼저 사용되다가 센리큐에 의해 다도가 확립된 전후로는 조선에서 건너온 고려다완[113], 일본에서 만들어진 구니야키다완이 사용되었다.

그림 Ⅳ-16. 井戸茶碗·大黑茶碗

---

113) 16세기 말엽부터는 고라이(高麗)茶碗이 사용되기 시작한다. 여기에서 말하는 고려다완은 고려시대에 만들었다는 의미가 아니라 조선다완을 이르는 말이다.

(4) 히샤큐(柄杓)·후다오끼(蓋置)

다도 예법으로 사용하는 국자는 대나무로 되어 있다. 받침대(蓋置)는 가마(솥) 뚜껑과 국
자의 받침대로 사용한다. 로(11월~4월)용과 후로(5월~10월)용은 구분한다.

그림 Ⅳ-17. 히샤큐(柄杓)·蓋置, 후다오끼(蓋置)

이외에도 가케모노(掛物, 족자), 겐스이(建水, 퇴수기), 미즈사시(水指, 물항아리), 향(香)
과 향합(香盒), 차샤쿠(茶杓·茶匙), 차센(茶筅)·(茶筌) 등이 있다.

(5) 큐스(急須), 빙쇼(瓶床다관: 다관 받침)[114]

잎차를 우리는 도구이다. 빙쇼(瓶床)는 화로에서 내린 다관을 올려놓은 곳이다. 관좌(罐
座), 탕관좌(湯罐座), 병부(瓶敷)라고도 한다.

그림 Ⅳ-18. 織田流煎茶道, 橫手の急須

---

114) 강현숙, 《일본의 전다도》, 조율, 2010, p. 95.

(6) 茶事에서 손님 준비물

· 우라센케(裏千家: 女子用)

- 후쿠사(帛紗, 複紗)
- 고부쿠사(古複紗)
- 센스(扇子)
- 가이시(懷紙)
- 후쿠사바사미(帛紗挾)
- 요지(ようじ)

그림 Ⅳ-19. 茶事에서 손님 준비물

V. 홍차문화

1. 영국 홍차문화의 형성과 세계화과정

1) 유럽의 차 논쟁(17세기)

17세기 차 논쟁은 주로 네덜란드, 덴마아크, 독일, 프랑스, 영국 등을 중심으로 진행되었다. 포르투갈에 이어 해상권을 장악한 네덜란드가 17세기 아시아무역의 새로운 강자로 부상했는데, 네덜란드의 동인도회사는 인기가 시들해진 향신료 대신 새로운 상품인 차를 수입해 유럽의 여러 나라 왕실과 귀족층에 고가로 판매했다. 네덜란드는 동양의 차와 차를 마시는 의식을 하나의 상품으로 인식했던 것이다.

17세기의 차 논쟁은 외래문화를 수용하는 과정에서 필연적으로 발생되는 것으로, 차의 성분과 건강에 대한 논쟁이 주류를 이루었다. 찬성론을 편 사람은 네덜란드의 니콜라스 툴프(Nicholas Tulp, 1593-1674), 코리넬리우스 덱커(Cornelius Decker, 1647?-1685)와 프랑스의 알렉산더 드 로즈(Alexandre de Rhodes, 1591-1660), 영국의 토마스 가웨이(Thomas Garway) 등이다. 반대론을 편 사람은 네덜란드의 시몬 파울리(Simon Pauli, 1603-1680), 독일의 마르티노 마르티니(Martino Martini, 1614-1661), 프랑스의 가이 패탕(Gui Patin, 1602-1672) 등이다.

차에 대한 찬반논쟁은 팽팽하게 진행되었지만 차츰 차를 수용하는 쪽이 우세를 점하게 되었다. 차가 유럽에 유입되던 당시 유럽의 주된 음료는 알코올음료였는데, 지나친 음주로 인해 대체음료의 필요성이 절실하게 제기되었기 때문이다. 하지만 당시 차는 상류층의 과시수단인 사치품이었을 뿐만 아니라 비슷한 시기에 유입된 커피와 초콜릿의 인기에 미치지 못했기 때문에 대중들의 공감에 비해 빠르게 확산되지 않았다.

2) 영국의 차 논쟁(18세기)

유럽에서 차에 대한 논쟁이 점차 시들해져 갈 즈음 영국에서 차에 대한 논쟁이 다시 일어났다. 이러한 논쟁은 18세기 중엽 차가 상류층에서 중류층을 거쳐 다시 노동계층으로 확산되어 머지않아 국민음료로 진입하려는 과정에서 일어났다. 17세기의 논쟁이 차의 성분과 건강에 관한 것이 주류를 이룬 반면 18세기의 논쟁은 사회·경제적 측면의 논쟁이 주류를 이루었다.

스코틀랜드 의사 토머스 쇼트(Thomas Short, 1690?-1772)는 두 번에 걸쳐 『차론(茶論)』을 출판해 차 논쟁에 불을 붙였다. 토머스 쇼트는 실험을 통해 차의 특성을 밝혔을 뿐만 아니라, 수입품인 차가 사회에 미치는 영향도 밝혔다. 이후 차를 바라보는 시선이 사회·경제적 측면으로 전환되기 시작했다.

토머스 쇼트에 이어 새뮤엘 존슨(Samuel Johnson, 1709-1784), 콜리 시버(Colley Cibber, 1671-1757), 니콜라스 브래디(Nicholas Brady, 1659-1726), 던컨 캠벨(Duncan Campbell) 등의 문인들이 작품을 통해 다투어 차를 예찬하고 칭송했다. 존 코클리 렛썸(John Coakely Lettsom, 1744-1815)은 네덜란드 레이든대학에 제출한 박사논문에서 의학실험을 통해 차의 효능을 밝혔다.

대표적인 반대론자로는 감리교회 창시자 존 웨슬리(John Wesley, 1703-1791), 무역업과 자선사업에 종사한 조너스 한웨이(Jonas Hanway, 1712-1786), 농·경제학자이며 사회비평가인 아서 영(Arthur Young) 등을 들 수 있는데, 존 웨슬리는 후일 알코올음료에 대한 대안음료로 차를 권장했다. 노동계층까지 일상적으로 차를 마시게 되면서 차가 부유층의 과시적 음료로서의 지위를 상실하게 되었는데, 이에 대한 반발에서 나온 반대론이라고 할 수 있다. 이들은 차의 약진이 노동자들의 부실한 삶을 초래해 결국 사회양극화를 더욱 심화시킬 것으로 보았던 것이다.

2세기에 걸친 논쟁을 거치면서 일부의 반대에 부딪치기도 했지만 차는 결국 알코올음료의 대안음료로 영국 전역에 확고하게 뿌리를 내렸다. 특히 산업혁명의 가속화를 통해 도시 노동자의 수가 급격히 증가하는데, 18세기 말엽에는 차가 상류층과 중산층에 이어 노동계층까지 즐겨 마시는 명실상부한 영국인들의 대표음료가 되기에 이르렀다. 1802년에 창간된 『에든버러 리뷰(Edinburgh Review)』의 초대 편집자 시드니 스미스(Sydney Smith, 1771-1845)의 다음과 같은 칭송이 이를 대변하고 있다.

"차를 내려주신 신에게 감사드린다. 차가 없는 세상은 생각조차 하고 싶지 않다. 차가 발견되기 이전에 태어나지 않은 것이 기쁘다."

3) 홍차문화의 형성

(1) 왕실의 차문화

영국 왕실은 17세기 차가 유입된 초기부터
19세기까지 새로운 유행을 탄생시키며 홍차
문화를 정착시키는데 주도적인 역할을 했다.
캐더린왕비, 메리2세, 앤여왕 등에 의해 정착
된 홍차문화는 19세기에 이르러 조지3세와
아내 샬럿왕비에게로 이어졌는데, 샬럿왕비
의 도자기에 대한 관심으로 조사이어 웨지우
드의 크림웨어가 유행하게 된다. 이로 인해

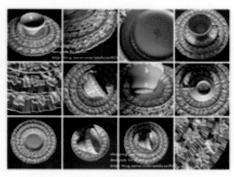

그림 V-1. WEDGWOOD 퀸즈웨어 크림 셋트

영국의 도자기산업이 중국을 제치고 도자기 종주국으로 부상하게 되었다.

영국을 세계 최강국으로 만든 빅토리아여왕은 64년 동안 재임하며 차문화와 차산업에
지대한 업적을 남겼다. 국민들은 사랑과 신뢰로 단란하게 차를 마시는 빅토리아 왕실가족
의 모습을 스위트 홈(sweet home)의 전형으로 여겨 이상적인 모델로 삼았다. 아편전쟁의
승리로 중국과의 차 무역을 확대시켰고, 인도와 실론에 대규모 티플랜테이션을 실행해 값
싸고 맛있는 홍차의 대량생산을 가능하게 했다. 또한 만국박람회를 통해 대영제국의 차를
홍보함으로써 홍차의 대량소비를 촉진시켰다.

(2) 중ㆍ상류층의 차문화

18세기를 지나면서 주류와 육류 등의 묵직한 아침식사는 차츰 축소되고, 대신 차와 토스
트 등의 가벼운 아침식사가 유행했다. 또한 식민지에서의 식물사냥(plant hunting)이 유행
하면서 정원조성이 영국문화의 새로운 화두로 떠올랐다. 아침식사 후 정원과 온실에서의
티타임은 누구나 즐기고픈 최고의 휴식시간이 되었다.

산업혁명의 성공으로 자본주의가 발달하면서 중산층의 범위가 넓어졌다. 새로운 중산
층이 전 국민들의 모델이 되면서 사회 전반에 엄청난 변화를 몰고 왔다. 스위트 홈에 이어

그림 V-2. The Ritz carlton hotel/Afternoon Tea

오후의 티타임(afternoon tea)도 이러한 변화에 의해 생겨난 새로운 차문화였다. afternoon tea는 제7대 베드포드 공작부인 안나 마리아(Anna Maria, 1788-1861)에 의해 시작되었다는 설이 유력하다. 사적인 생활습관이 왕실부터 하층민까지 빠르게 확산되면서 행복한 휴식을 주는 afternoon tea가 영국을 대표하는 문화로 자리를 잡은 것이다.

18세기 후반 이후 영국에서 언(um)이라는 용기를 만들었는데, 물을 끓이거나 끓인 물을 보온하는 다기이다. 언은 19세기에 접어들면서 식탁과 티 테이블에 없어서는 안 될 생필품이 되었다. 저녁식사 후의 티타임은 가족들과의 휴식시간이나 친구들과의 사교시간으로 활용되었다. 저녁에 열리는 화려한 무도회, 음악회, 축하연 등에서도 차는 사교음료였다. 이런 연회에서는 중간에 티 브레이크(tea break)가 포함되기도 했다. 설탕을 넣은 뜨거운 차가 지친 피로를 푸는데 안성맞춤이었기에

그림 V-3. 로얄코펜하겐 블루 플라워 장식언(URN)

일상생활에서는 물론 쇼핑, 여행, 경기 중에도 때와 장소를 가리지 않고 티타임을 가졌다.

(3) 서민계층의 차문화

인구의 약 2/3를 차지하는 서민계층은 산업혁명의 혜택에서 소외된 그룹으로, 의식주의 해결도 어려울 만큼 가난한 생활을 영위했다. 이들에게도 차는 늘 아침식사의 주된 식품이었다. 고단한 일과를 마치고 귀가한 그들이 가장 바라는 것은 허기와 갈증과 피곤을 동시에 해결하는 일이었는데, 이러한 그들의 라이프 스타일에 맞게 생겨난 차문화가 바로 하이 티(high tea)이다. 퇴근 후에 제법 풍성한 각종 요리와 다관에 담긴 홍차가 식탁에 놓이면 가족들의 저녁식사가 시작되는데, 이 시간이 바로 노동자들이 가장 좋아했던 하이 티 타임이었던 것이다. 차는 이처럼 기상해서부터 취침 전까지 노동자들의 꽁꽁 얼어붙은 몸과 마음을 데워주고 지친 심신을 북돋아주는 활력소였다.

과도한 산업화로 환경은 오염되었고, 열악한 작업환경에서 노동자들은 혹독한 노동에

시달렸다. 불행한 현실의 탈출수단으로 노동자들은 음주와 오락을 즐겼는데, 특히 높은 도수의 알코올을 과도하게 마시며 잠시나마 근심에서 벗어나려고 애를 썼다. 과도한 음주의 결과 농장과 공장의 관리가 어려울 수밖에 없었다. 이런 문제를 해소하기 위한 타개책으로 나온 아이디어가 바로 차 휴식시간 (tea break)이었다. 작업장에서 「tea break」가

그림 V-4. Tea break TIme In England, 1944

실시되자 작업능률이 현저하게 향상되면서 점차 전국으로 확산되어 결국 영국 차문화의 하나로 정착되었던 것이다.

4) 홍차문화의 특징

첫 번째 특징은 영국차는 우유를 듬뿍 넣은 밀크 티라는 것이다. 여기에 설탕을 넣어 감미롭게 할 뿐만 아니라 티 푸드(tea food)를 곁들어 위를 상하지 않게 하기 때문에 참으로 실용적이다. 또한 티 포트(tea pot)에서 우려내고 티 포트에 담겨진 따뜻한 차이다. 때문에 포트는 보온을 위해 늘 코지로 감싼다. 따뜻한 한 잔의 홍차는 길고 추운 영국의 겨울을 나는데 없어서는 안 될 생활의 동반자일 수밖에 없었다.

둘째, 하루에 몇 번이고 마시는 이른바 다반사(茶飯事)가 된 일상성을 들 수 있다. 일반적으로 영국인들은 하루에 최소 5번 이상의 티 타임을 갖는다. early morning tea, breakfast tea, elevens tea, afternoon tea, night tea 등이다. 또한 점심과 저녁식사 후에도 차를 마신다. 전쟁이 치열했던 2차 대전 중에도 지하철역에서 홍차를 배급했고, 언제나 1년분의 홍차를 비축했을 정도로 영국민들은 차를 사랑했던 것이다.

셋째, 큰 잔에 가득 채운 밀크 티를 각종 티 푸드와 함께 한꺼번에 2-3잔을 마셔야 직성이 풀리는 넉넉하고 푸짐함을 들 수 있다. 한 잔만을 찔끔 마시는 것은 영국 홍차가 아니라는 것이다. 이러한 넉넉하고 푸짐함은 산업혁명의 성공에 따른 경제력의 뒷받침이 있었기에 가능했던 것이다.

넷째, 우아하고 화려한 티 테이블 셋팅(tea table setting)을 들 수 있다. 한 잔의 차에서도

미적 감성을 표현하고 즐기고자 우아하고 화려하게 차리는 것이다. 자수나 레이스로 장식한 하얀 무명의 식탁보가 깔린 테이블 위에는 은으로 만든 티 포트를 비롯해 티 스푼, 차 거르게, 본차이나의 컵들, 우유를 담은 피처, 샌드위치 등 티 푸드를 담은 접시, 케이크 스탠드 등이 차려지고, 아름다운 계절의 꽃이 우아하게 장식된다. 훌륭한 잔치상이라 할 수 있는 우아한 오후의 티 타임은 그들만의 행복한 시간이었던 것이다.

다섯째, 이처럼 행복한 티 타임을 가족이나 가까운 이웃과 함께 즐기는 단란한 가정적 분위기를 들 수 있다. 영국인들은 "혼자서 마시는 차는 쓸쓸하고, 둘이서 마시는 차는 정겹고, 셋이서 마시는 차는 즐겁고, 온 가족이 마시면 행복하다"고 한다.

2. 홍차문화의 세계화 과정

1) 인도에서 발견된 차나무(아쌈종)

워렌 헤이스팅스(Warren Hastings, 1732-1818) 인도총독은 차나무 재배에 관심을 가지고 중국차를 인도에서 시험재배하게 하기도 하고, 학자들로 하여금 인도가 차의 재배적지인가를 연구하게 했다. 연구 결과 인도 북부지방이 재배적지로 떠올랐다. 그렇지만 영국은 좋은 차를 싸게 구입하고자 하는 열망은 강했지만 차 생산에는 관심이 없었다. 중국과의 독점무역을 통한 차 무역만으로도 동인도회사는 엄청난 이익을 취할 수 있었기 때문이다. 그러나 1833년 동인도회사의 무역 독점권이 폐지되면서 영국 정부와 동인도회사는 차의 생산에 관심을 가지게 되었다.

윌리엄 벤팅크(William Bentinck, 1774-1839) 인도총독은 1834년 인도차위원회(The India Tea Committe)를 설립해 재배와 제조에 관한 본격적인 연구를 시작했다. 아쌈지역에 사는 싱포족((Singpho)이 차를 음용하고 있으며, 아쌈지역이 바로 차나무의 재배적지라는 사실이 밝혀지고, 아쌈에서 자생하는 차나무가 중국종과 같다는

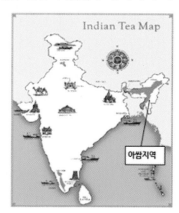

그림 V-5. 사진 출처 :
http://tea-India.com/Images/
map_of_tea_locatIons.glf

보고에 따라 1835년에 과학위원회(Scientific Commission)가 설립되었다. 과학위원회에서는 현지조사 후에 중국의 차산지와 자연환경이 비슷한 아쌈지역을 재배지로 개발하면 차가 영국의 상품작물이 될 수 있다고 보고했다.

2) 아쌈의 티 플랜테이션(tea plantation)

인도에서 차나무가 자생하고 있다는 여러 사람들의 보고에 의해 인도의 산업작물에 차나무가 추가되었다. 선각자들의 의견에 따라 아쌈지역을 재배지로 선정하고 인도차위원회에서는 중국종 차나무를 아쌈지역에 이식하기로 했다. 찰스 부르스(C.A. Bruce)는 1936년 중국인 제다전문가들과 함

그림 V-6. Darjeeling mountain tea plantation

께 아쌈종 찻잎으로 제다해 캘커타로 보냈는데, 중국종 차나무의 찻잎이 제다할 만큼 성장하지 못했기 때문이었다. 이리하여 아쌈종 찻잎을 중국식 제다법으로 상품화한 차가 1838년 인도에서 최초로 생산되어 이듬해인 1839년 런던에서 고가로 판매되었다.

영국인에 의해 제조된 최초의 상업용 아쌈차가 좋은 반응을 얻자 영국 자본가들은 차산업에 뛰어들기 시작했다. 영국 정부와 인도정청도 관주도에서 민간주도로 차산업을 전환했다. 1840년 아쌈차회사(The Assam Tea Company)는 인도정청 소유의 차 재배지 대부분을 인수해 우여곡절을 겪으며 중국종 대신 아쌈종 차나무를 재배하기로 했다.

아쌈에서 다원개발이 진척되면서 품질개선과 비용절감을 위한 시도가 다각도로 이루어졌다. 12단계의 복잡한 중국식 제다공정을 5단계로 단순화했고, 홍차의 정통적인 제다공정을 모두 기계화하였다. 그리하여 저비용과 짧은 시간으로 균일한 품질의 차를 대량으로 생산할 수 있게 되었다. 아쌈이 영국 차산업의 메카가 되었음은 물론 새롭게 건설되는 차산업지의 모델이 되었다. 아쌈에 이어 다즐링(Darjeeling)과 닐기리(Nilgiri) 등에서도 차 플랜테이션이 대규모로 진행되었다.

3) 차산업 활성화를 위한 네트워크 구축

산업혁명이 성공을 거둔 영국에서는 상당한 수준의 기술혁신이 이루어져 대량생산과 대량소비의 시대가 열렸다. 인도라는 식민지를 지배하기 위해 인도 전역에 전신전화망과 도로망을 확충하고 철도를 건설하는 등의 네트워크 구축사업이 진행되었다. 원료공급이 식민지 인도의 당면과제로 떠오르면서 철도부설은 개발한 자원을 수탈하기 위한 최고의 수단이었다.

아쌈차회사의 설립에 이어 수출상품으로 차나무를 경작하는 유럽인에게 3,000에이커의 땅을 지급한다는 아쌈차 경지법(Assam tea Clearance Act)이 1854년에 통과되면서 대규모의 다원들이 개발되었다. 차산업의 활성화를 위한 네트워크 구축사업도 위와 같은 맥락에서 진행되었는데, 영국 정부는 차산업을 위해 수운과 도로망 확충사업과 더불어 철도건설을 병행했다. 차의 수출량이 증대되면서 철도건설도 급속도로 진척되었고, 철도망을 통한 운송비의 감소로 차의 교역량도 따라서 증가하였다. 아울러 유선전신과 해저전신부설, 전화망 확충 등 통신분야를 통한 네트워크 구축도 차산업 발전에 견인차 역할을 하였다.

아쌈, 다즐링, 닐기리 등의 대규모 다원과 캘커타, 봄베이, 마드라스 등의 항만도시, 그리고 세계 각지의 소비시장을 잇는 교통망과 통신망의 혁신을 통해 지리적 장애물과 시간적 장벽까지를 없앨 수 있었다. 엄청난 경제력을 바탕으로 진행된 네트워크 구축사업으로 인해 차 수입국이었던 영국이 19세기 말에는 세계 최대의 차 산업국으로 등장했는데, 차산업을 시작한지 1세기도 안되어서 이룩한 혁명적인 성과였다.

4) 세계만국박람회를 통한 영국차 홍보

인도에 이어 식민지 실론(스리랑카)에서도 대규모 티 플랜테이션이 성공적으로 진행되면서 영국은 명실상부한 세계 최대의 차 산업국으로 부상했다. 영국 정부는 이미 형성된 자국의 홍차문화와 인도와 실론에서 새로운 방식으로 생산된 대영제국의 차를 세계만방에 홍보하기 시작했다. 런던에서 최초로 열린 세계만국박람회에서 영국은 인도에서 생산된 차를 포함해 다양한 원료와 상품들을 전시해 대영제국의 기술력과 우월함을 과시했다. 실론차도 만국박람회를 홍보수단으로 활용했는데, 1893년에 시카고에서 열린 만국박람회에서 실론차가 100만 통 이상 판매될 정도로 세계 소비자들에게 인정을 받았다.

1900년 파리에서 개최된 만국박람회에는 중국, 일본, 인도, 실론, 프랑스, 러시아, 미국 등이 차를 출품했는데, 찻집을 열어 차를 홍보한 대표적인 나라는 일본, 인도, 실론이었다. 녹차 위주로 일본차를 홍보한 일본관의 전통찻집보다는 인도관과 실론관에 마련된 찻집에 대한 반응이 훨씬 열광적이었다. 이를 통해 차문화의 흐름이 이미 동양의 녹차문화에서 서양의 홍차문화로 옮겨가고 있음을 감지할 수 있다.

영국이 만국박람회에 선보인 차는 기계제다에 의한 균일한 향미에 인도와 실론이라는 이국적 문화가 합쳐진 문화상품이었다. 또한 블랜딩기법과 가향기법을 활용한 기호음료였고, 전염병이 만연한 시대에 건강을 지켜주는 건강음료였으며, 기계화로 인한 대량생산으로 가격이 저렴한 민중음료였다. 만국박람회를 통해 세계인들에게 홍보한 이러한 내용들이 적중하며 대영제국의 홍차가 드디어 세계화에 성공할 수 있었던 것이다.

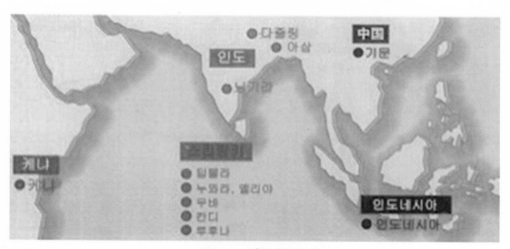

그림 V-7. 세계의 홍차 산지

【참고문헌】

정은희, <17-18세기 유럽의 차논쟁과 차의 사회적 수용>,《차문화학》제1권2호, 한국국제차문화
　　　학회, 2005.

_____, <19세기 영국 가정의 차문화에 관한 연구>,《한국국제차문화학회지》, 제2권1호, 2006.

_____, <19세기 영국소설에 나타난 차문화의 특성>,《한국차학회지》제14권3호, 한국차학회,
　　　2008.

_____, <문학작품에 나타난 19세기 영국 차문화 특성> -시 · 희곡 · 수필을 중심으로-,《차문화
　　　학》제4권1호, 한국국제차문화학회, 2008.

_____, <19세기 영국의 차산업 발전과 차의 세계화>,《한국차학회지》제18권, 제3호, 한국차학회,
　　　2012.

박광순,《홍차 이야기》, 다지리, 2002.

이광주,《동과 서의 차이야기》, 한길사, 2002.

정승호 펴냄, 김명진 역,《티소믈리에를 위한 영국 찻잔의 역사 홍차로 풀어보는 역사》, 한국티소
　　　믈리에연구원, 2014.

정은희,《홍차이야기》, 살림, 2007.

츠노야마 사가에 저, 서은미 역,《녹차문화 홍차문화》, 예문서원, 2001.

하보숙, 조미라,《홍차의 거의 모든 것》, 열린세상, 2014.

김영애, 홍차, 그 화려한 유혹, 월간《차의세계》, 2012.

정병만,《다시 보는 차문화》, 푸른길, 2012.

차의 과학

Ⅰ. 차의 과학 개론

1. 차의 개념

차(茶)는 커피, 코코아와 함께 세계 3대 기호음료 중의 하나로 오랜 옛날부터 인류가 음용해 왔다. 현재 세계적으로 50개 이상의 나라에서 차나무가 재배되고 있고 유럽, 아시아를 중심으로 160여개 나라에서 소비되고 있다. 세계 총 60억 인구 가운데 20억명 이상이 차를 이용하고 있는 소비자다. 넓은 의미의 차는 식물의 어린 싹이나 잎, 꽃, 줄기, 뿌리, 열매 등을 가공한 것으로 물에 침출하여 음용하는 비알콜성 기호음료를 의미하며, 좁은 의미의 차는 동백나무과의 카멜리아 시넨시스(*Camellia senensis*)의 잎을 가공하여 만든 것을 의미한다. 우리나라 식품공전(2016년 개정판, 그림 Ⅰ-1)에서는 차를 '다류'의 범주 내에 포함시켜 관리하고 있는데, 넓은 의미의 차를 다류의 유형 중 침출차로 규정하고 있으며 좁은 의미의 차는 별도로 규정하지 않고 있다. 한편, 좁은 의미의 차는 2015년 제정된 '차산업 발전 및 차문화 진흥에 관한 법률'을 통해 '차나무의 잎을 이용하여 제조한 것'으로 규정하고 있다. 이 장에서는 차의 개념을 좁은 의미의 차로 규정하여 서술하고자 한다.

차나무는 차나무과(Theaceae)의 동백속(Camellia)에 속하는 다년생의 아열대성 상록관목으로 학명은 *Camellia sinensis*이다(차나무의 학명이 처음 명명된 것은 1700년대였으며 이후 오랫동안 *Thea sinensis*와 *Camellia sinensis* 두 명칭이 혼용되어 오다가 오늘날에는 *Camellia sinensis*로 통일되었다). 차나무는 아시아를 중심으로 한국, 일본, 중국 남부, 베트남 및 인도의 히말라야 기슭, 아프리카의 케냐 등 세계적으로 온대와 아열대를 걸쳐 광범위하게 재배되고 있다. 우리나라에서는 주로 전남, 경남, 제주도 지역에서 차가 재배되고 있으며, 위도 상으로는 33° 2′~35° 3′ 범위의 남쪽지역에 분포되어 있다.

1) 정의

다류라 함은 식물성 원료를 주원료로 하여 제조·가공한 기호성 식품으로서 침출차, 액상차, 고형차를 말한다

2) 원료 등의 구비요건

3) 제조 · 가공기준

(1) 원료를 추출할 경우에는 물, 주정 또는 이산화탄소를 용제로 사용하여 원료의 특성에 따라 냉침, 온침 등 적절한 방법을 사용하여야 한다.

(2) 쌍화차는 백작약, 숙지황, 황기, 당귀, 천궁, 계피, 감초를 추출 여과한 가용성 추출물을 원료로 하여 제조하여야 하며 이때 생강, 대추, 잣 등을 넣을 수 있다.

4) 식품유형

(1) 침출차

식물의 어린 싹이나 잎, 꽃, 줄기, 뿌리, 열매 또는 곡류 등을 주원료로 하여 가공한 것으로서 물에 침출하여 그 여액을 음용하는 기호성 식품을 말한다.

(2) 액상차

식물성 원료를 주원료로 하여 추출 등의 방법으로 가공한 것(추출액, 농축액 또는 분말)이거나 이에 식품 또는 식품첨가물을 가한 시럽상 또는 액상의 기호성 식품을 말한다.

(3) 고형차

식물성 원료를 주원료로 하여 가공한 것으로 분말 등 고형의 기호성 식품을 말한다.

5) 규격

(1) 타르색소 : 검출되어서는 아니 된다.

(2) 납(mg/Kg) : 2.0 이하(단, 침출차는 5.0 이하, 액상차는 0.3이하

(3) 카드뮴(mg/Kg) : 0.1 이하(액상차에 한한다)

(4) 주석(mg/Kg) : 150 이하(알루미늄 캔 이외의 액상 캔제품에 한한다)

(5) 세균수 : 1 mL당 100 이하(액상제품에 한한다)

(6) 대장균군 : 음성이어야 한다(액상제품에 한한다)

그림 I-1. 우리나라 식품공전 중 차 관련 규정

2. 차의 분류

일반적으로 차는 그 종류가 대단히 많아 세계적으로 3000가지 이상의 차 종류가 유통되고 있다. 이들 차 종류의 분류에 대하여 ISO (International Organization for Standardization, 국제표준화기구)의 TC34/SC8 분과에서 일부 논의되고 있지만 아직 통일된 방법이 설정되어 있지 않은 상태이다. 다만, 중국을 중심으로 한 업계와 일부 학계에서 차 폴리페놀의 산화정도에 따라 녹차, 황차, 흑차, 청차, 백차, 홍차 등의 6가지로 나누어 분류하고 있으며 일본에서는 찻잎의 발효정도에 따라 불발효차, 반발효차, 완전발효차, 후발효차로 나누어 분류하고 있다. 또한 최근에 이들 내용을 다시 재정리하여 Nakabayashi 등이 제안한 불발효차, 효소발효차(약발효차, 반발효차, 완전발효차) 후발효차(미생물발효차), 재가공차 등으로 분류한 것이 점차 설득력을 얻어가고 있는 상황이다(표 I-1).

이들 차 종류 중 효소발효차의 경우는 미생물에 의한 발효가 아닌 차 잎에 원래 존재하는 여러 효소들의 작용에 의한 것으로 엄밀한 의미의 발효는 아니며 이러한 의미에서는 후발효차인 흑차의 경우만이 미생물(주로 곰팡이)에 의한 발효과정을 거친 발효차라고 할 수 있다. 그러나 예로부터 홍차를 비롯한 효소발효차를 발효차로 불러왔기 때문에 현재에도 보편적으로 발효차라고 하면 효소발효차를 지칭하고 있으며 미생물발효차는 효소발효차와 구별하기 위하여 후발효차라고 부르고 있다.

발효차(효소발효차)의 구분은 보통 찻잎이 85% 이상 발효된 차를 완전발효차(강발효차)라 하며, 60% 아래로 발효된 차를 반발효차, 발효가 되지 않은 차를 불발효차라고 한다. 황차의 경우는 약하게 효소발효 시킨 후 저장기간을 거치기 때문에 연구자에 따라서는 후발효차의 범주에 넣기도 하지만 여기에서는 효소발효차로 구분하기로 한다. 또한 차 잎에 여러 가지 꽃이나 과일을 가미한 화차나 과미차 그리고 열을 가하여 다시 볶은 호지차 등은 재가공차의 범주에 속한다.

표 I-1. 차의 분류

불발효차 (비발효차)	녹차	증청녹차	전차, 옥로
		쇄청녹차	전청, 천청, 협청
		초청녹차	초청, 특진, 진미, 봉미, 수미
			주차, 우진, 수미
			용정, 대방, 벽라춘, 우화차, 송침
		홍청녹차	민홍청, 절홍청, 휘홍청, 소홍청
			황산모봉, 태평후괴, 화정운무, 고교은봉
발효차 (효소발효차)	약발효차	백차	백아차	백호은침
			백엽아	백목단, 공미
	반발효차	황차	황아차	군산은침, 몽정황야
			황소아	북항모첨, 위산모첨, 온주황탕
			황대아	작산황대차, 광동대엽청
		청차 (우롱차)	민북오룡	무이암차, 수선, 대홍포, 육계
			민남오룡	철관음, 기란, 황금계
			광동오룡	봉황단종, 봉황수선, 영두단종)
			대만오룡	동정오룡, 포종, 오룡
	완전발효차 (강발효차)	홍차	소종홍차	정산소종, 연소종
			공부홍차	전홍, 기홍, 천홍, 민홍
			홍쇄차	엽차, 쇄차, 편차, 말차
후발효차	미생물 발효차	흑차	호남흑차	안화흑차
			호북노청	
			사천변차	남로변차, 서로변차
			전계흑차	보이차, 육보차
재가공차		화차	자스민차, 매괴화차, 주란화차
		췌취차	속용차, 농축차, 관장차
		과미차	여지홍차, 레몬홍차, 미후도차
		약용차	다이어트차, 사종차, 강지차
		호지차	
		차음료	차콜라, 차사이다

차의 과학과 문화 수정내용

p. 90

표 I-1. 차의 분류

불발효차 (비발효차)		녹차	증청녹차	전차, 옥로
			쇄청녹차	전청, 천청, 협청
			초청녹차	초청, 특진, 진미, 봉미, 수미
				주차, 우진, 수미
				용정, 대방, 벽라춘, 우화차, 송침
			홍청녹차	민홍청, 절홍청, 휘홍청, 소홍청
				황산모봉, 태평후괴, 화정운무, 고교은봉
발효차	약발효차	백차	백아차	백호은침
			백엽아	백목단, 공미
	반발효차	**황차***	황아차	군산은침, 몽정황야
			황소아	북항모첨, 위산모첨, 온주황탕
			황대아	작산황대차, 광동대엽청
		청차 (우롱차)	민북오룡	무이암차, 수선, 대홍포, 육계
			민남오룡	철관음, 기란, 황금계
			광동오룡	봉황단종, 봉황수선, 영두단종)
			대만오룡	동정오룡, 포종, 오룡
	완전발효차 (강발효차)	홍차	소종홍차	정산소종, 연소종
			공부홍차	전홍, 기홍, 천홍, 민홍
			홍쇄차	엽차, 쇄차, 편차, 말차
후발효차	미생물 발효차	흑차	호남흑차	안화흑차
			호북노청	
			사천변차	남로변차, 서로변차
			전계흑차	보이차, 육보차
재가공차			화차	자스민차, 매괴화차, 주란화차
			췌취차	속용차, 농축차, 관장차
			과미차	여지홍차, 레몬홍차, 미후도차
			약용차	다이어트차, 사종차, 강지차
			호지차	
			차음료	차콜라, 차사이다

* 황차는 경우에 따라 후발효차로 분류하기도 함

p. 110

나) 황차(黃茶, Yellow Tea)

황차는 색깔과 우려낸 찻물색, 그리고 우린 후의 찻잎의 색이 모두 황색을 띤다. 녹차의 제조법에 민황(悶黃)이라는 공정이 추가된 방법으로 제조된다.「민(悶)」이라는 글자는 가두어진다는 것을 의미한다. 즉, 살청, 유념 후에 찻잎을 바구니, 천, 종이 등으로 싸서 **고온, 다습한 조건에서 잠시(온도와 습도에 따라 1~2시간부터 3~5일 정도)방치 한다. 민황과정을 거치는 동안 찻잎 중 폴리페놀(주로 카테킨) 성분이 적당한 습도와 온도에서 산화되어 황차 특유의 노란색과 맛, 향기가 형성된다.** 황차는 녹차와 청차(우롱차)의 중간에 해당되는 차로 쓰고 떫은맛을 내는 카테킨 성분이 약 50~60% 감소되므로 차 맛이 순하고 부드럽다.

한편, 황차는 열처리(살청) 후 민황공정을 거치기 때문에 후발효차로 분류하기도 하며, 옛날부터 우리나라, 중국, 일본 등에서는 노란빛의 찻잎으로 제조하거나 러프한 발효공정으로 제조되어 차의 색이 황색인 발효차를 총칭하여 황차라고 부르기도 하였다.

p. 114

④ 발효(fermentation)

발효가 진행되면 지금까지 녹색을 띠고 있던 찻잎은 갈색으로 변하게 된다. 발효를 촉진시키기 위하여 찻잎을 대바구니에 담은 채 일정기간 동안 둔다.

p. 122

(3) 흑차의 제조방법

흑차의 제조 방법은 생차(건창발효)와 숙차(습창발효) 모두 동일하게 채엽 – 위조 – **살청** – 유념 – 건조과정을 거친다.

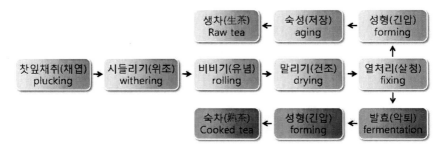

그림 II-27. 흑차(미생물발효차)의 일반적인 제조방법

3. 국내 · 외 차 산업 현황

1) 국내 차 산업 현황

우리나라에서 차 재배가 시작된 때는 1930년대이며 1970년대부터 보성, 하동지역을 중심으로 산을 개간해 차밭을 만들면서 본격적으로 차가 재배되었다. 그러나 1990년대 후반까지도 차에 대한 인식 부족과 함께 소비량이 증가하지 않아 별다른 주목을 받지 못했다.

1990년대 말에 들어와 산업화에 의해 국민소득이 증가하면서 차 소비량이 크게 증가하였다. 이에 따라 재배면적도 1998년 1,128ha에서 2001년 1,830ha, 2007년 3,800ha로 크게 증가하였다가 2012년에는 3,004ha로 약간 감소하였다. 재배면적이 증가하면서 차 생산량도 증가하였는데 1998년 1,470톤, 2001년 1,395톤, 2007년 3,888톤으로 정점에 도달한 후 2015년 2,656톤으로 크게 감소하였다. 10a당 수량은 1998년 130 kg에서 2012년 123 kg로 큰 변화가 없었으나, 2015년에는 90 kg로 크게 감소하였는데 이것은 찻값 하락으로 찻잎을 채취하지 않은 다원이 증가하였기 때문이다(표 I-2).

2015년 차 산지별 재배면적과 생산량을 살펴보면 국내 차 재배면적은 2,953ha이며 지역별로는 보성 1,149ha, 하동 1,048ha, 제주 283ha, 구례 258ha 순이다. 국내 총생산량은 2,656톤으로 보성, 제주, 하동의 순이다(표 I-3). 보성과 하동지역이 녹차 주산지로서 발전할 수 있었던 것은 온화한 기후의 영향과 지방자치단체에서 소득작목으로 적극 육성하였기 때문이다. 녹차를 특화작목으로 육성하면서 부가가치 증대를 위해 보성은 '녹차수도'로서, 하동은 '녹차특구'로 발전시켰다. 보성녹차 브랜드는 전국 소비자대상 브랜드 인지도에서 가장 높은 평가를 받기도 하였다.

표 I-2. 국내 녹차 재배면적 및 생산량(전라남도)

년도	재배면적 (ha)	생산량 (톤)	수량 (kg/10a)
1998	1,128	1,470	130
2001	1,830	1,395	76
2007	3,800	3,888	102
2012	3,004	3,709	123
2015	2,953	2,656	90

표 I-3. 국내 녹차 주산지에서 재배면적과 생산량 (2015년)

재배지역	재배면적 (ha)	생산량 (톤)	비고
보성	1,149	1,410	녹차수도 보성
하동	1,048	446	하동녹차특구
제주도	283	553	태평양화학(장원산업)
구례	258	30	
산청	82	35	
광양	71	65	
강진	49	112	
광주	13	5	
합계	2,953	2,656	

그러나, 최근 녹차가격은 100 g 당 2007년 50,000원에서 2013년 15,000원으로 10년 전에 비해 1/3 수준으로 하락하였다. 또한, 오늘날 국내 차 가공 산업규모는 2,100억 시장으로, 10년 전의 3,000억 규모에 비해 현저하게 감소하였다. 이에 비해 외국산 수입차, 다구와 다기, 찻집 등의 분야는 계속 증가 추세를 보여 전체 차 관련 산업 규모는 3,000억 내외로 추정된다. 녹차산업이 사양사업으로 전락한 데에는 여러 가지 요인이 있으나, 높은 녹차 가격과 안전성에 대한 신뢰 부족 그리고 발효차, 대용차, 기능성 차의 소비량 증가와 깊은 관련성이 있다. 반면, 이 기간 커피시장은 4조2천억 시장으로 발전하면서 상대적으로 녹차시장은 위축되어오고 있다. 국내산 차 산업발전을 위해서는 차 품질과 가격면에서 국제경쟁력 확보가 시급하다.

우리나라의 차 가공형태를 보면, 생산되는 차 제품은 대부분 덖음차와 증제차, 티백, 가루차 등 녹차류이고 반발효차나 발효차의 생산량은 3% 내외로 매우 낮다. 반면, 중국은 녹차 74.2%, 발효차 5.2%, 반발효차 10.6%로 발효차 생산량이 우리나라보다 상대적으로 높다(표 I-4). 우리나라는 재배되고 있는 소엽종이 갖고 있는 품종 특성상 다양한 발효차를 생산하는데 한계가 있다. 따라서 내한성이 강한 대엽종을 재배하든지, 대엽종 찻잎을 1차 전처리 한 다음 국내에서 제다하는 방법도 고려해 볼 만하다. 국내 제다업체가 외국산 발효차를 직수입해서 유통하고 있는 현실은 국내 차 산업발전에 보탬이 되는지 되새겨 볼 필요가 있다.

표 I-4. 우리나라 찻잎 가공 형태

국가	차 제품별 가공비율 (%)		
	녹차	반발효차	발효차
대한민국	97	3	0
중국	74.2	10.6	5.2

2) 국외 차 산업 현황

차는 중국이 원산지로 중국을 비롯한 동양권을 중심으로 음용되어 왔으나, 차에 함유된 영양소가 건강을 증진한다는 사실이 밝혀지면서 차 산업도 전세계로 전파되어 발전하였다.

세계 차 재배면적과 생산량을 살펴보면 전 세계 차 재배면적은 2,393,000ha이며 국가별 재배면적은 중국이 898,000ha(세계 재배면적의 38%)로 가장 많고 인도가 443,000ha(세계 재배면적의 19%)로 두 번째이다. 그 다음은 스리랑카, 케냐, 일본, 인도네시아, 터키, 남아메리카 순으로 많은 재배면적을 갖고 있다. 한국의 재배면적은 2,953ha로 전 세계 재배면적의 1.2%를 차지하고 있다. 전 세계 차 생산량은 5,063,900톤으로 국가별로는 중국과 인도가 1,924,500톤과 1,200,400톤으로 전체의 56%를 차지하고 있다. 한국의 차 생산량은 2,656톤(전 세계 생산량의 0.83%)으로 비교적 낮은 수준이다(표 I-5).

표 I-5. 국가별 차 생산량 변화 (천톤, 2014년, FDA)

구 분	2008	2009	2010	2011	2012	2013
세계	3891.2	4040.0	4364.7	4627.0	4784.5	5063.9
방글라데시	56.8	60.0	60.0	59.6	62.5	66.2
중국	1150.5	1344.4	1475.1	1623.2	1789.8	1924.5
인도	986.4	982.1	970.3	1119.7	1129.0	1200.4
인도네시아	150.3	156.9	156.6	150.8	150.9	152.7
스리랑카	311.3	291.2	331.4	327.5	328.4	343.1
베트남	158.0	177.3	192.0	202.1	200.0	185.0
브룬디	6.6	6.7	6.9	7.0	8.7	8.8
케냐	345.2	318.3	403.3	383.1	373.1	436.3
말라위	44.9	52.6	51.6	47.1	42.5	46.5
탄자니아	32.6	32.1	31.6	33.0	32.3	32.4
우간다	42.4	51.0	59.4	56.3	57.9	58.3
아르헨티나	79.6	73.4	90.7	91.2	81.3	78.9
터키	213.7	198.6	235.0	221.6	225.0	227.0
일본	94.7	86.0	83.0	82.1	85.9	84.7
대한민국	3.9	3.3	3.6	2.1	3.7	2.7
기타	214.3	206.1	214.2	220.6	213.5	216.4

3) 차 소비량과 수출 동향

차 소비는 식문화와 함께 기호도에 따라 다른 경향을 나타낸다. 2014년 국가별 차 소비량과 수출량 변화에서, 1인당 차 소비량은 아일랜드가 2.96 kg으로 1위를 나타내고 있고, 리비아 2.92 kg, 카타르 2.89 kg, 영국 2.24 kg의 순이다. 반면, 한국의 1인당 차 소비량은 0.11 kg으로 아일랜드의 1/20에 지나지 않는 낮은 수준이다.

차 수출량은 전 세계적으로 1,768,500톤인데, 케냐가 415,900톤으로 가장 높고, 중국이 329,700톤, 스리랑카 311,000톤, 인도 209,200톤으로 이들 4개국이 전체 수출량의 60%를 차지하는 수출 강국이다. 중국은 화교권을 중심으로 녹차, 반발효차, 홍차, 보이차 등을 전 세계 시장에 수출하고 있다. 국제적으로 차를 유통하는 회사는 립톤(Lipton), 트와이닝

(Twining), 딜마(Dilmah) 등이 있다.

표 I-6. 세계 차 소비량과 수출량 (2014년, FDA)

구분	2013년	
	수출량(천톤)	소비량(kg)
한국	–	0.11
중국	329.7	0.48
인도	209.2	0.66
스리랑카	311.0	–
인도네시아	150.3	156.9
케냐	415.9	–
베트남	209.1	–
일본	–	1.14
터키	–	1.98
영국	–	2.24
아일랜드	–	2.96
리비아	–	2.92
카타르	–	2.89
쿠웨이트	–	2.29
이란	–	2.42
전체	1768.5	–

4. 차 재배 환경과 품종

1) 차 재배 환경

차는 상록 목본성 교목으로서 아열대성 기후에서 잘 자란다. 평균 온도는 13~16℃ 내외이나 겨울철 동해를 받기 때문에 겨울철 최저온도가 0℃이상인 지역이 재배적지이다. 우리나라는 이러한 온도범위를 나타내는 지역이 없기 때문에 중국이나 인도처럼 주로 홍차의 원료가 되는 대엽종은 재배가 쉽지 않으며 겨울철 최저온도가 -5℃ 내외를 나타내는 남해 도서지역인 보성, 하동지역을 중심으로 소엽종이 주로 재배되고 있다. 2011년에는 -10℃ 이하의 저온이 내습해 차밭의 50% 정도가 큰 피해를 받기도 하였다.

겨울철과 이른 봄 동해방지를 위해서는 차나무를 건강하게 키우면서 바람을 막을 수 있는 방품림을 식재하거나, 지상부의 따뜻한 공기와 표토면의 찬 공기를 순환해 줄 수 있는 팬설치가 도움이 된다. 외국의 소규모 다원에서는 전열기 히터를 틀어주기도 하고, 대규모 과수원에서 헬리콥터를 운행함으로써 이러한 동해와 상해를 예방하는 것을 볼 수 있다.

차 재배의 최적 강수량은 2,000 mm~3,000 mm이다. 차나무는 비교적 강수량이 많은 지역에서 생육이 좋으며 호광성으로 햇볕을 좋아하기 때문에 남향다원에서 생육이 좋다. 또한, 봄과 가을이 서늘하고 이른 아침 안개가 있는 공중습도가 비교적 높은 해안가나 하천, 호수주변의 차나무 잎의 품질이 좋아 고급차가 생산되는 것을 볼 수 있다.

토양은 다른 작물이 좋아하는 중성토양보다 약산성(pH 4.5~5.5)이면서 배수가 잘되며 토층이 깊고 부식이 많은 토양이 적지이다. 차나무는 새로운 잎 발생과 노동력 절감을 위해 가지를 잘라 나무의 키를 낮게 유지하는 저수고 재배를 하고 있다. 보통 차나무가 필요로 하는 질소, 인산, 칼리는 봄, 여름, 가을에 분시해 주고, 가을에는 퇴비도 3~5톤/10a 정도 시비해 준다.

오늘날 대부분 다원은 경사지나 야산에서 재배하거나 야생상태로 생육시켜 채엽하고 있는데, 채엽시 많은 노동력이 소요되고 있다. 향후, 녹차가격이 낮게 형성될 것으로 예상되고 있고, 중국과 FTA 체결로 인한 저가의 중국 차 수입에 대응하기 위해서는 기계화가 필요하며 이를 위해서는 논이나 밭과 같은 평지를 이용하여 다원을 조성하는 것이 바람직하다고 생각된다.

2) 차 품종

차 품종은 3가지로 분류하는 것이 일반적인데, 중국 대엽종(*Camellia sinensis* var. macrophylla), 중국 소엽종(*Camellia sinensis* var. bohae), 인도 아삼종(*Camellia sinensis* var. assamica)이다. 우리나라는 중국 소엽종이 도입되어 재배되고 있는데, 재배면적(2,953ha)의 93%가 재래종이며 도입종인 야부기타 등 품종은 생산량의 약 7%를 차지하고 있다. 야부기타 품종은 일본으로부터 도입된 품종으로 내한성이 약해 따뜻한 제주도와 강진, 해남 일부

지역을 중심으로 재배되고 있다. 전남 장흥, 고흥, 광양, 구례, 경남 하동, 산청지역에 우리나라 차 재배면적의 약 13%인 440ha의 야생 다원이 있는데, 하동지역은 250ha에서 225억 원의 농가소득을 올리고 있고 장흥지역은 85ha 내외의 야생차 면적을 소유하고 있는 것으로 추정된다. 야생차는 안정성이 높으나 상대적으로 생산비가 높기 때문에 고급차을 생산해서 유통하는 것이 바람직할 것으로 생각된다.

야생차 자생지역은 세종실록지리지와 신증동국여지승람에 전라도와 경상도의 각각 28주와 8군(현)이 기록되어 있다. 오늘날 야생차 자생지는 전국적으로 244개소가 있는데 전남이 205개로 가장 많고 전남지역 중에서는 담양군이 20곳으로 가장 많으며 해남군이 17개지역으로 그 다음이다.

국내 녹차 주산지인 보성군(대한다원, 동양다원, 보성다원), 순천시, 구례군, 광주광역시, 하동군, 장흥군은 실생인 재래종을 재배하고 있다. 차나무는 식물학적으로 타가수분 작물이며 대부분 다원이 타가수분 되어 결실된 종자를 파종해서 조성한 야생종 다원이다.

야생종 다원은 개체간 형질이 다소 달라 생육상태가 다르고, 맛과 품질이 달라 품질을 균일화할 수 없다. 또한, 발아와 채엽기가 달라 기계채엽이 어렵고 우량종에 비해 수량도 낮은 문제점이 있다.

반면, 장원산업이 운영하고 있는 해남, 강진, 제주도 다원은 일본에서 육성한 야부기타 품종을 단일재배 하고 있다. 일본도 1965년까지는 야생종이 97%를 차지하였으나 2002년에는 품종화(야부기타)비율이 85.2%로 높아졌다. 야생종 다원에서 품종 다원으로 변하게 된 것은 2001년 차 품평회에서, 녹차에서는 야부기타, 사에미도리 품종이, 옥로차에서는 야마가이, 고조우, 사에미도리 품종이, 전체적으로는 아사히 품종이 우수품종으로 입상한 것이 계기가 되었다.

표 I-7. 녹차 품종 및 재배형태별 재배 면적

구분	품종		재배 형태	
	재래종	도입종	재배차	야생차
면적 (ha)	2,715	238	2,275	440
비율 (%)	93.0	7.0	87.1	12.9

표 I-8. 우리나라 지역별 야생차 분포지역

지역	시 군	분포지역 수	지역	시 군	분포지역 수
광역자치단체	광주광역시	24	전북	정주시	1
	부산광역시	3		고창군	5
전남	나주시	3		부안군	2
	순천시	4		김제시	1
	여수시	1		순창군	6
	강진군	9		익산군	1
	고흥군	3		정읍군	1
	곡성군	9	경남	진주시	1
	광양시	13		울산시	1
	구례군	5		거제군	1
	나주시	16		남해군	2
	담양군	20		사천군	1
	무안군	11		산청군	5
	보성군	15		양산군	2
	승주군	10		통영군	1
	여천군	1		하동군	2
	영광군	7	제주도	제주시	1
전남	영암군	5	제주도	서귀포시	1
	장성군	17		남제주군	1
	장흥군	7	합계		244
	진도군	2			
	함평군	11			
	해남군	17			
	화순군	10			

한편, 중국은 早白尖(花茶 28號), 宜昌大葉(花茶 29號), 龍井 43號(花茶 37號), 碧云(花茶 44號) 등의 품종을 개발하였으며, 대만에는 대차 11호, 대차 12호, 대차 13호 등의 품종을 개발한 바 있다. 국내에서도 보성차연구소가 보향, 명선, 참녹 등 품종을 개발하여 보급하고 있다.

이러한 품종 다원은 기계 채엽과 기계제다가 가능하기 때문에 생산비 절감과 품질의 균일화에 도움이 된다.

야부기타 품종은 1953년 일본 시즈오카현 차시험장에서 실생 선발한 우량품종이다. 일본은 야부기타 단일품종을 식재함으로써 채엽시기가 동일하여 일손이 부족하고 일시에 차를 만들어야 하기 때문에 대규모의 제다시설을 확보해야 하는 문제점이 발생하기도 하였다. 또한, 동해와 상해, 병해충(특히 깍지벌레)이 많이 발생하는 문제점이 나타나고 있다.

차 신품종 육성에는 교배, 채종 및 파종, 육묘, 개체선발(조생, 만생, 수세, 내병성, 내한성, 제다특성, 품질), 삽목시험, 계통비교시험(재배특성, 내병성, 내충성, 제다특성), 지역적응시험, 종묘등록 등의 과정을 거쳐야 하며 보통 10~15년 내외가 소요되고 있다.

3) 친환경 차 재배

녹차는 일반적으로 80℃내외의 온수로 직접 추출해서 음용하기 때문에 안전성이 매우 중요하다. 소비자는 맛과 영양가가 우수하면서 유해 물질이 함유되어 있지 않은 차를 선호한다. 이러한 소비자 요구에 부응하기 위해 친환경 재배가 시도되고 있거나 친환경 차가 생산되고 있다. 차를 포함한 친환경농산물은 유기농, 무농약, GAP 인증을 받아 생산하고 있다.

유기농재배는 농약과 화학비료를 전혀 사용하지 않는 대신 유기물(퇴비), 자연광석, 배양미생물만을 사용해서 재배해야 한다. 또한, 유기농 재배를 위해서는 이러한 재배조건에서 3년 이상 재배해야만 한다. 무농약 재배는 농약은 사용하지 않아야 되지만 화학비료는 사용해서 재배할 수 있다.

잎말이나방은 차잎말이연녹벌, 잎말이흑적등딱지벌레, 노랑다리벌 유충 및 기생균과 바이러스 감염을 통해 유충을 방제한다. 초록애매미충은 조릿대거미와 파리잡이거미 천적이, 총채벌레는 으뜸애꽃노린재 성충이 이용되고 있다.

뽕나무깍지벌레에는 꼬마도약벌, 쑥가지나방에는 연녹벌, 동백가는나방에는 긴배연녹벌, 진딧물에는 무당벌레 등의 천적이 이용되고 있다. BT(생물농약)제로 잎말이나방바이러스(상품명 잎말이 천적) 등도 개발되고 있다.

응애의 천적으로는 기생성 천적(바이러스, 사상균)과 포식성 천적(긴털이리응애류, 총채

벌레류, 딱정벌레류)이 있고 도입 천적으로는 주로 칠리이리응애를 사용하고 있으며 화라시스이리응애와 옥시덴탈리스이리응애 등이 연구 중에 있다.

친환경재배를 위해서는 병해충에 저항성이 높은 품종을 육성하는 것도 중요하다. 경종적 재배로는 소식재배, 전정, 멀칭재배가 있으며 잡초제거를 위한 동물사육, 천적류 은신처를 위한 동백과 식물식재 등의 방법도 있다.

따라서, 친환경재배는 경종적 방제(재배환경), 유전학적 방제(불임해충), 생리활성물질 방제(성페르몬), 천적 사용 등을 종합적으로 활용한다.

친환경재배시 찻잎 수량은 대개 40% 감소한다. 반면, 친환경 차의 가격은 20~30% 정도 높은데 그치고 있다. 따라서 친환경재배에서 수익성을 높이기 위해서는 소비자신뢰도 증대를 통한 차 가격의 증대가 시급히 이루어져야 한다. 친환경재배 차에 대한 소비자신뢰도 증대를 위해서는 생산자와 소비자 상호 교류증대와 현장체험, 유해물질 관리를 철저히 하는 것이 중요하다.

Ⅱ. 차의 종류와 성분

1. 차의 종류와 제조방법

차(茶)는 동백나무과 카멜리아 시넨시스(*Camellia senensis*)의 잎을 가공하여 만든 것으로서 찻잎에 존재하는 효소의 작용 또는 미생물의 작용 여부에 따라 불발효차, 효소발효차, 후발효차 등으로 나뉜다(그림 Ⅱ-1). 이중 우롱차, 홍차 등으로 널리 알려진 효소발효차는 후발효차와 달리 미생물에 의한 발효가 아닌 차 잎에 원래 존재하는 효소들의 작용에 의한 것으로 엄밀한 의미의 발효차는 아니나 관습적으로 '발효'라는 표현을 사용하여 왔다. 효소 발효차는 제다과정 중 차 잎의 산화효소 및 가수분해 효소 등의 작용에 의하여 차 잎의 성분이 생화학적으로 변화된 것으로 효소의 불활성화 시점에 따른 효소반응의 시간 및 정도에 따라 반발효차 및 완전발효차 등으로 구분한다. 즉, 불발효차인 녹차는 제다공정의 첫 단계에서 차 잎을 가열하여 효소의 활성을 정지시키는 반면 반발효차인 우롱차는 수확한 찻잎을 위조조작을 통해 약발효시킨 뒤 효소활성을 정지시키고, 완전발효차인 홍차는 위

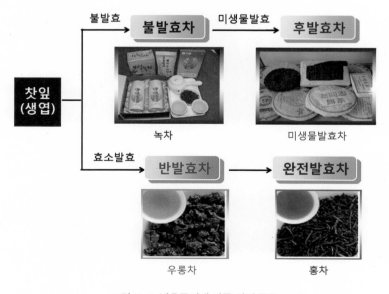

그림 Ⅱ-1. 발효공정에 따른 차의 종류

조, 발효공정을 통해 효소반응을 충분히 유지시킨 다음 효소활성을 정지시킨다. 효소발효차는 이러한 효소반응에 의하여 차 잎의 성분이 변화됨에 따라 맛, 색, 향기가 달라지면서 불발효차와는 다른 효소발효차 고유의 특성을 갖게 된다. 후발효차는 찻잎을 녹차와 동일하게 제다공정의 첫 단계에서 열을 가해 효소를 불활성화 시키고 유념, 건조과정을 거친 다음 미생물을 이용하여 발효시킨 후 멸균, 성형 및 건조과정을 거쳐 제조한다.

1) 불발효차(비발효차): 녹차(Green Tea)

우리나라, 일본, 중국 등에서 주로 소비되는 녹차는 불발효차(不醱酵茶)로서 찻잎을 채취해 바로 가열함으로서 찻잎에 존재하는 효소를 불활성화하여 제조하는 차이다. 따라서 녹차는 가공 후에도 찻잎의 색깔인 녹색이 그대로 드러나며, 우린 차의 색깔도 녹색에 가깝고 향도 찻잎 본연의 향과 비슷하다.

(1) 녹차의 제조 방법

불발효차인 녹차는 찻잎을 채취한 후 바로 열을 가해 찻잎에 존재하는 효소를 불활성화 시켜 제조한다. 효소를 불활성화 시키기 위한 가열방식에 따라 덖음차(부초차)와 찐차(증제차)로 나뉜다. 덖음차는 채취한 찻잎을 가마솥에서 덖어서 제조(초청, 抄靑)하며 찐차는 찻잎을 증기로 쪄서 제조(증청, 蒸靑)한다. 우리나라 사람들은 가열취(로스트향)을 좋아하기 때문에 국내에서 제조되는 녹차는 거의 덖음차이다. 찐차는 주로 일본에서 제조되고 있는데 덖음차보다 풋풋한 느낌의 관능적 특성을 보인다. 최근 국내에서는 일본식 제다기계가 보급됨에 따라 이 제다기를 이용하여 먼저 찐차를 만든 뒤 한번 더 솥에다 덖는 방식으로 차를 생산하는 곳도 있다.

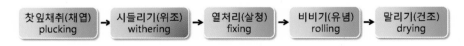

그림 Ⅱ-2. 녹차의 일반적인 제조방법

① 찻잎채취(채엽, plucking)

차의 품질은 제조방법에도 영향을 받지만 가장 기본은 좋은 찻잎을 채취하는 것이다. 찻잎의 품질은 차나무의 품종, 생육상태, 재배지역 뿐 아니라 수확하는 시기와 방법에 의해서도 달라진다.

② 시들리기(위조, withering)

채취한 찻잎을 펼쳐놓고 시들리게 하여 찻잎의 수분을 감소시키는 과정이다. 위조를 통해 독특한 향과 맛이 형성되기도 하지만 녹차의 특성을 유지하기 위해 시간을 짧게 하거나 생략하는 경우가 많다.

③ 열처리(살청, fixing)

열을 가해 찻잎에 존재하는 효소를 불활성화 시키는 과정이다. 녹차의 특성이 결정되는 중요한 단계로 열처리에 의해 메일라드반응이 일어난다. 열을 가하는 방식에 따라 덖음차와 찐차로 나뉜다.

④ 비비기(유념, rolling)

열처리가 끝난 찻잎을 펼쳐 비비는 공정이다. 이 과정을 통해 찻잎의 세포벽이 파괴되어 차를 우릴 때 성분이 잘 우러나오게 된다. 녹차의 형태가 만들어지는 과정이기도 하다.

⑤ 말리기(건조, drying)

시장에 유통되어 장시간 보관하더라도 부패하거나 변질되지 않도록 수분함량을 낮추는 공정이다. 보통 수분함량이 10% 이하가 되도록 건조한다.

(2) 덖음차의 제조 공정

덖음차는 고온의 솥에 찻잎을 덖어서 제조한 것으로 공정의 대부분을 손작업으로 수행하는 수제차와 기계를 사용하는 기계차가 있다. 우리나라에서는 전통적으로는 수제식 방법으로 덖음차를 제조하여 왔으나 인건비 수준이 높아지고 새로운 가공기계가 개발되면서 점차 기계식 덖음차의 생산비율이 높아지고 있는 상태이다.

가) 수제식 덖음차의 주요 공정

가열한 솥에 직접 손을 이용하여 덖어 제조한 차로 기계식 덖음차에 비하여 열처리 시간이 긴 편이며 대부분의 공정을 경험과 감각으로 진행하므로 숙련도가 중요하다.

(가) 덖음

덖음 공정은 덖음차의 품질을 결정하는 가장 중요한 공정이다. 너무 뜨거운 열을 가하게 되면 찻잎이 타게 되고, 열의 온도가 너무 낮으면 줄기 등의 효소가 그대로 남아 있어 발효가 일어나 붉은색을 띠게 된다. 수제식 덖음차 제조는 주로 무쇠 재질의 솥을 사용하는데 보통 첫 덖음은 230℃ 이상의 고온에서 수행하여 덖음 횟수가 증가할수록 솥의 온도를 낮추어 덖어 내는 것이 일반적인 방법이다.

(나) 비비기(유념)

솥에서 꺼낸 찻잎을 멍석이나 면포에 펼쳐놓고 손으로 비빈다. 유념은 덖음차의 품질에 큰 영향을 미치는데 유념의 정도에 따라 차 성분이 우러나오는 정도가 다르므로 어린잎은 약하게, 성숙된 잎은 보다 강하게 한다.

① 찻잎따기　②찻잎상태　③1차 덖음　④ 비비기

⑤ 2차 덖음　⑥ 풀어내고 식히기　⑦ 마무리 건조　⑧ 제품

그림 II-3. 수제식 덖음차 제조과정 예

(다) 건조

솥에서 덖어진 찻잎을 꺼내어 식히는 과정을 반복하여 최종 수분함량이 4~5% 정도가 될 때까지 건조시킨다.

가) 기계식 덖음차의 주요 공정

(가) 덖음

덖음용 기계를 이용하여 찻잎을 열처리한다. 덖음 기계는 회분식과 연속식이 있다. 회분식은 반 타원형의 솥을 이용하여 찻잎을 교반시키면서 찻잎에서 나오는 증기로 효소를 불활성화 시킨다. 반면 연속식은 원통형의 덖음기를 이용하여 찻잎을 처리 한다.

(나) 유념(비비기)

회전속도, 비빔압력, 비빔시간 등이 조절되는 유념기를 사용하며 찻잎의 상태와 양에 따라 회전 속도, 압력, 시간을 달리하여 처리한다. 시간과 노동력을 절약할 수 있으며 다양한 용량의 유념기가 있어 대량 처리가 가능하다.

그림 Ⅱ-4. 기계식 유념 과정

그림 Ⅱ-5. 연속식(원통형) 덖음기(왼쪽)와 회분식(반타원형) 덖음기(오른쪽)

(다) 건조

덖음용 기계를 이용하여 마무리 건조까지 진행하기도 하며 1차 건조는 쇠로 된 원통에 직접 가열하여 덖음차 고유의 구수한 향을 갖게 한 후 2차 건조는 자동 열풍 건조기로 건조시키기도 한다. 보통 차의 수분함량이 4~5%가 될 때까지 건조한다.

(3) 찐차의 제조 공정

가) 증열(蒸熱, 찌기)

찐차 제조의 첫번째 공정으로서 보일러에서 발생시킨 수증기로 찻잎의 효소 활성을 불활성화 하는 공정이다. 찻잎이 어린 것은 시간을 짧게 하고, 성숙된 잎은 열처리를 길게 한다.

나) 조유(粗揉)

증기로 찐 잎을 열풍을 쏘이면서 휘저어 함께 섞는 공정이다. 이 공정을 통하여 찻잎의 수분이 40~50% 정도로 감소된다.

다) 유념(揉捻, 비비기)

찻잎 각 부분의 수분함량을 균일하게 함과 동시에 세포 조직을 적당히 파괴하는 공정이다. 유념 조작을 잘 하여야 차를 우릴 때에 차가 함유하고 있는 성분이 충분히 우러나며 찻잎의 외형도 좋은 모양을 유지할 수 있다.

라) 중유(中揉)

찻잎의 내부와 표면의 수분함량을 고르게 함과 동시에 찻잎의 수분을 적절히 제거하기 위하여 열풍으로 건조시키는 과정이다. 이때 적정 온도 이상으로 높아지면 찻잎의 색이 적흑색을 띠게 되므로 온도가 과도하게 상승하지 않도록 찻잎의 온도를 34~36℃로 유지시켜 주는 것이 중요하다.

마) 정유(精揉)

찻잎 내부의 수분을 제거함과 동시에 찐차 특유의 바늘 모양의 제품 형태로 만드는 과정이다. 온도는 38~40℃가 적당하며 약 40분 정도의 시간이 걸린다. 정유를 마치고 나면 찻잎의 수분 함유율은 25%까지 감소한다.

바) 건조(乾燥)

제품을 만드는 마지막 공정으로서 수분함량이 13% 정도인 정유기에서 나온 찻잎을 80~90℃의 열풍으로 건조시킨다. 건조 공정을 마치고 나면 찻잎의 수분함량은 4~5%까지 감소한다.

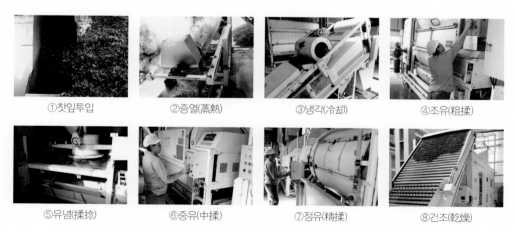

①찻잎투입　②증열(蒸熱)　③냉각(冷却)　④조유(粗揉)
⑤유념(揉捻)　⑥중유(中揉)　⑦정유(精揉)　⑧건조(乾燥)

그림 II-6. 기계식 찐차의 제조공정 예

(4) 녹차의 종류

차나무의 가지에서 처음 나온 싹(움)을 창 (槍)이라고 하고 잎이 피기 시작한 것을 기 (旗)라고 한다. 손으로 찻잎을 따는 경우 창 (싹)과 기(펴진 잎)를 함께 채취하는데 싹 1 개와 펴진 잎 2개를 1창 2기(또는 1심 2엽), 싹 1개와 펴진 잎 3개를 1창 3기(1심 3엽)라 고 한다. 우리나라에서는 보통 차나무 잎의

그림 II-7. 찻잎 채취방법(1창2기)

채취시기에 따라 녹차의 종류를 구분하고 있는데 그 기준(차산업 발전 및 차문화 진흥에 관한 법률 중 차의 품질 등의 표시기준)은 다음과 같다.

· 우전(雨前): 4월 20일 곡우(穀雨)이전의 찻잎으로 만든 차로 맛이 매우 부드럽고 감칠 맛과 향이 뛰어난 최고급 차이다.
· 세작(細雀): 4월 20일 곡우부터 4월 하순 사이의 찻잎으로 만든 차를 말한다. 손으로 수확한 경우가 많아 노동력에 비해 수확량은 적으나 맛이 부드럽고 감칠맛과 향이 우 수하다.
· 중작(中雀): 보통 5월에 채취한 찻잎으로 제조하며 약간 거칠고 감칠맛이 적다. 수량이 많고 잎이 두꺼워 기계로 제다하는 경우가 많다.
· 대작(大雀): 6월 이후에 채취한 거친 찻잎으로 제조하며 떫은맛이 강하고 아린 맛이 약 간 있으며 품질이 낮다.

2) 효소발효차(발효차)

우롱차, 홍차 등으로 널리 알려진 효소발효차는 후발효차인 흑차와 달리 미생물에 의한 발효가 아닌 차 잎에 원래 존재하는 효소들의 작용에 의한 것으로 엄밀한 의미의 발효차는 아니나 관습적으로 '발효'라는 표현을 사용하여 왔고 현재에도 널리 사용되기 때문에 여기 에서도 '발효차'라는 표현을 사용하기로 한다.

발효차는 제다과정 중 찻잎의 산화효소 및 가수분해 효소 등의 작용에 의하여 찻잎의 성

분이 생화학적으로 변화됨에 따라 맛과 색 그리고 향기가 달라지면서 발효차만의 고유 특성을 갖게 된다. 효소반응의 시간 및 정도에 따라 약발효차(백차, 황차), 반발효차(우롱차) 및 완전발효차(홍차) 등으로 구분한다.

(1) 발효차의 유래

발효차(효소발효차)의 유래에 대한 가장 유명한 이야기 중 하나는 중국에서 녹차를 배에 싣고 유럽까지 가는 도중에 찻잎이 발효되어 이것을 유럽 사람들이 마시게 되었다는 이야기이다. 이 이야기의 사실 여부를 떠나 불발효차인 녹차는 잎을 딴 즉시 가열하여 효소를 불활성화시켜 제조하는데 이러한 제조과정 중 우연히 발효된 차가 만들어지기도 하였을 것이며 이러한 과정에서 우롱차(烏龍茶) 등 반발효차와 완전발효차인 홍차가 태어난 것으로 생각된다. 홍차는 세계 전체 차 소비량의 65% 이상을 차지하며 인도, 스리랑카, 중국, 케냐, 인도네시아에서 주로 생산되고 영국과 영연방 국가들에서 많이 소비된다.

(2) 약발효차 및 반발효차의 종류와 제조방법

가) 백차(白茶, White Tea)

백차는 찻잎을 덖거나 비비는 가공과정을 거치지 않고, 솜털이 덮인 차의 어린 싹을 그대로 시들리기(위조)하여 말리는(건조) 과정만을 거쳐 만든 차다. 때문에 차싹이 크고 솜털이 많은 품종을 선택하여 제조한다. 특별한 가공과정을 거치지 않고 그대로 건조시키면서 약간의 발효만 일어나도록 하기 때문에, 가장 간단하지만 간단한 만큼 오히려 숙련된 기술을 필요로 한다. 잘 만

그림 II-8. 백차 (백호은침)

들어진 백차는 찻잎이 은색의 광택을 내고 향기가 맑고 맛이 산뜻하며 여름철에 열을 내려주는 작용이 강하여 한약재로도 많이 사용된다.

그림 II-9. 백차의 일반적인 제조방법

① 찻잎채취(채엽)

② 채취한 찻잎

③ 시들리기(위조)

④ 말리기(건조)

그림 Ⅱ-10. 백차의 제조공정 예

나) 황차(黃茶, Yellow Tea)

황차는 색깔과 우려낸 찻물색, 그리고 우린 후의 찻잎 색이 모두 황색을 띤다. 녹차의 제조법에 민황(悶黃)이라는 공정이 추가된 방법으로 제조된다. 「민(悶)」이라는 글자는 가두어진다는 것을 의미한다. 즉, 살청, 유념 후에 찻잎을 바구니, 천, 종이 등으로 싸서 잠시(온도와 습도에 따라 1~2시간부터 3~5일 정도)방치 한다. 이렇게 찻잎을 쌓아두는 퇴적과정을 거치는 동안에 찻잎에

그림 Ⅱ-11. 황차 (군산은침)

성분변화가 일어나서 황차 특유의 노란색과 맛, 향기가 형성된다.

황차는 녹차와 청차(우롱차)의 중간에 해당되는 차로 쓰고 떫은맛을 내는 카테킨 성분이 약 50~60% 감소되므로 차 맛이 순하고 부드럽다.

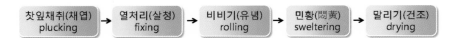

| 찻잎채취(채엽)
plucking | → | 열처리(살청)
fixing | → | 비비기(유념)
rolling | → | 민황(悶黃)
sweltering | → | 말리기(건조)
drying |

그림 Ⅱ-12. 황차의 일반적인 제조방법

① 열처리(살청)

② 비비기(유념)

③ 민황

④ 말리기(건조)

그림 Ⅱ-13. 황차의 제조공정 예

다) 청차(靑茶; Oolong Tea)

청차는 중국의 남부 복건성(福建省), 광동성(廣東省) 그리고 대만(臺灣)에서 생산되고 있는 중국 고유의 차로 주로 '烏龍茶(우롱차)'로 불리고 있다. 불발효차인 녹차와 완전발효차인 홍차의 중간정도로 발효시킨 반발효차로 불발효차와 완전발효차의 풍미를 함께 지니고 있다. 원래 우롱차는 반발효차 중에서도 발효정도가 높은 차를 말하지만 지금은 발효 정도가 낮은 포종차, 철관음, 수선 등을 포함해서 모두 우롱차라고 한다.

그림 II-14. 청차 (철관음)

우롱차는 보통 위조(萎凋) - 주청(做靑) - 살청(殺靑) - 유념(揉捻) - 건조(乾燥)의 과정을 통하여 만들어 진다. 주청(做靑)은 우롱차 제조의 특유한 공정으로 요청(搖靑)과 정치(定置)를 반복하는 것이다. 대나무로 만든 쟁반이나 바구니 안에서 찻잎을 흔들어 찻잎에 스친 상처를 입게 함으로써 효소작용을 촉진한다.

복건성, 광동성, 대만 등지에서 주로 생산되며 기온이 높은 고산지역에서 생산된 비교적 성숙한 찻잎을 이용하여 제조한다.

| 찻잎채취(채엽)
plucking | 시들리기(위조)
withering | 주청(做靑)
tossing | 열처리(살청)
fixing | 비비기(유념)
rolling | 말리기(건조)
drying |

그림 II-15. 청차(우롱차)의 일반적인 제조방법

① 찻잎채취(채엽)　　② 시들리기(위조)　　③ 주청(1차요청)　　④ 주청(정치)

⑤ 주청(2차요청)　　⑥ 열처리(살청)　　⑦ 비비기(유념)　　⑧ 말리기(건조)

그림 II-16. 청차(우롱차)의 제조공정 예

○ 동방미인차(백호오룡)

대만의 고급 오룡차 중에는 백호오룡(白毫烏龍)이라는 차가 있는데 반발효차로서 백호(白毫)가 덮인 어린 찻싹과 찻잎으로 제조 된 것이다. 색이 아름답게 붉고 향이 빼어나서 일명 동방미인(東方美人)이라고도 한다. 이 차는 비교적 발효도가 강한 반발효차이며 청차(우롱차)의 한 종류이다.

그림 II-17. 동방미인차

보통 여름 찻잎을 이용하는데 망종(芒種, 양력 6월 6일경부터 약 15일간)을 전후로 채엽하여 제다한 것을 최고로 친다.

동방미인차의 가장 큰 특징은 소녹엽선(小綠葉蟬, 학명 : *Empoasca Fomosana Paoli*)이라는 벌레의 피해를 입은 찻잎을 사용한다는 것이다. 최근의 연

그림 II-18. 동방미인차의 시작
(소녹엽선)

구 결과 찻잎이 이 벌레의 피해를 입으면 자기방어 기작의 하나로 indol류의 향이 생성되며 이러한 작용에 의하여 동방미인 특유의 향기가 발현된다고 보고된 바 있다.

(3) 완전발효차(홍차)의 종류와 제조방법

홍차는 차를 우린 빛깔이 붉다 하여 붙여진 동양식 이름이고, 영어권에서는 찻잎이 검다하여 'black tea'라 불린다. 최초 원산지는 중국이며, 1610년 네덜란드 동인도회사에 의해 서양에 알려지기 시작하여 영국과 네덜란드에서 성행하였다.

찻잎을 일정기간동안 적당한 온도와 습도 상태에 두어 찻잎에 함유되어 있는 여러 화학성분과 효소가 서로

그림 II-19. 홍차 (키먼홍차)

반응하도록 하여 제조한다. 이러한 반응 중에 잎이 검게 변하며 홍차 특유의 향을 가진다. 찻잎이 85% 이상 발효된 것으로 떫은맛이 강하고 찻물은 등홍색을 나타낸다.

홍차도 처음에는 녹차나 우롱차와 같이 잎차 형태로 생산되었으나, 티백의 수요가 늘어

남에 따라 티백용의 파쇄형 홍차가 주류를 이루게 되었다. 그렇지만 고급차류는 여전히 정통 잎차형으로 생산되고 있다. 차를 그대로 우려 마시는 'straight tea'와 밀크를 첨가시켜 마시는 'milk tea'형태가 있다. 세계 전체 차 소비량의 65% 이상을 차지하고 있으며 인도, 스리랑카, 중국, 케냐, 인도네시아가 주생산국이고 영국 식민지였던 국가들에서 많이 소비된다.

가) 홍차의 제조 방법

홍차는 위조, 유념, 발효의 공정을 통해 차 잎의 효소작용을 최대한으로 이용하여 제조한다. 옛날부터 내려오는 전통적 제다법인 Orthodox법과 대량생산을 위한 현대적 기계식 제다법(Un-orthodox법)이 있다.

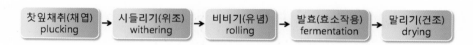

그림 II-20. 홍차의 일반적인 제조방법(Orthodox법)

(가) 전통적인 제다법(Orthodox법)

① 찻잎채취(채엽, plucking)

차의 품질은 제조방법에도 영향을 받지만 가장 기본은 좋은 찻잎을 채취하는 것이다. 찻잎의 품질은 차나무의 품종, 생육상태, 재배지역 뿐 아니라 수확하는 시기와 방법에 의해서도 달라진다.

② 시들리기(위조, withering)

채취한 찻잎을 펼쳐놓고 시들리게 하여 찻잎의 수분을 감소시키는 과정이다. 차밭에서 채취한 찻잎을 넓은 대바구니나 멍석 위에 적당한 두께(6~8 cm)로 널어 그늘에서 말린다.

③ 비비기(유념, rolling)

위조시킨 잎을 나무통에 넣어 맨발로 충분히 밟거나 손으로 잘 비벼서 잎의 세포조직을 으깬다. 유념을 통해 찻잎 속에 들어있던 효소가 밖으로 흘러나와 찻잎의 여러 물질과 반응이 일어난다.

④ 발효(유념, rolling)

발효가 진행되면 지금까지 녹색을 띠고 있던 찻잎은 갈색으로 변하게 된다. 발효를 촉진시키기 위하여 찻잎을 대바구니에 담은 채 일정기간 동안 둔다.

⑤ 말리기(건조, drying)

찻잎의 색깔이 전체적으로 다갈색으로 변하면 숯불을 이용하거나 햇볕이 쬐는 곳에 넣어 넣고 말린다. 최근에는 열풍건조기를 이용하여 건조하기도 한다.

(나) 기계식 제다법(Un-orthodox)

기계식 제다법은 찻잎 생산이 대량으로 일시에 이루어지면서 시작된 제다법이다. 인도에서 우기에 찻잎의 생육이 왕성하여 빠른 시일 내에 차를 만들어야할 필요가 있게 되자 대량생산을 위하여 기계제다가 시작되었다. 또한, 20세기에 들어오면서 생활의 속도가 빨라지고 차를 마시는 사람들이 찻물이 빨리 우러나오는 차를 선호하는 경향이 높아지면서 거기에 맞는 홍차 제다법이 개발되었다.

원래는 브로큰 스타일의 롤러를 사용해서 유념을 하였는데 그 방법을 사용하면 발효가 지나치게 되거나 마찰열로 인하여 차의 품질이 떨어졌다. 그래서 더욱 효율적인 레그 커트(Leg-cut) 제법이 개발되었으며 얼마 후에 다시 더 발전적인 방법이 CTC(Crush, Tear, Curl) 제법으로 바뀌었다가 또 다시 로터번 제법으로 바뀌었다. 오늘날에는 로터번 제법 보다는

CTC 제법이 더욱 많이 활용되고 있다. 가장 많이 활용되고 있는 CTC 제법으로 홍차를 제다하는 방법은 다음과 같다.

① 찻잎 따기

② 시들리기(위조) : 수분을 말려 찻잎을 시들게 한다.

③ 말기 : 찻잎을 구겨서 둘둘 말리게 한다.

④ CTC(압착, 분쇄) : CTC 기계로 압착시키고 부수어 알갱이 모양으로 둥글게 만든다.

⑤ 발효 : 온도 25℃, 습도 90%에서 발효시킨다.

⑥ 건조 : 발효를 중지시키고 보존하기 쉽게 말린다.

나) 홍차의 종류

(가) 스트레이트 티(Straight tea)

Straight tea는 브랜딩하지 않은 오리지널의 차를 말한다. 홍차 본래의 차 빛깔과 독특한 향을 음미하면서 마시기에 적당하며 세계 3대 홍차인 다즐링, 기문, 우바를 포함한 아삼, 실론 등이 이에 속한다.

① 키먼 (Keemun, 祈門) 차

차의 원산지인 중국에서 생산되며 다즐링, 우바와 함께 세계 3대 홍차 중의 하나이다. 중국 안후이성(安徽省)의 키먼에서 생산된다. 수확기는 6~8월로 비교적 짧으며 8월에 생산된 것이 품질이 가장 뛰어나다. 수색은 밝은 오렌지색이며 좋은 연기를 맡는 듯 한 향기가 있다.

② 다즐링 (Darjeeling) 차

17세기까지 중국은 차 수출로 엄청난 이익을 보고 있었으므로 차나무를 키우는 방법이나 차의 제조법 등은 극비였다. 그러나 영국은 몰래 차 제조법과 차나무를 빼내었으며 이를 인도 전역에서 시험재배 하였다. 그 결과, 선택된 지역이 히말라야 기슭의 해발 1,200m 이상에 위치한 피서지인 다즐링 지방이며 여기에 중국 원산의 차나무를 심어 차 농장을 만들었다. 이것이 다즐링 (Darjeeling) 차의 기원이며 때문에 다즐링 차의 향은 중국의 우롱차나 키먼 (Keemun) 차와 비슷하다.

보통 3~11월이 수확기이며 3월 중순에서 4월에 첫물차가 생산되나, 향기는 6~7월의 두 물차가 가장 강하다. 차의 수색은 다른 홍차에 비해 엷은 오렌지색을 띠고 맛이 부드러우며 달다. 머스캣향이라는 야생화와 같은 향기가 있어 홍차의 샴페인으로 불리우며 생산량이 적어 값이 매우 비싸다.

그림 II-21. 키먼홍차
(WHITTARD OF CHELSEA TEA제품)

그림 II-22. 다질링홍차
(AHMAD TEA제품)

그림 II-23. 우바홍차
(IMPRA TEA제품)

③ 우바 (Uva) 차

스리랑카 중부 산악지대인 우바에서 생산된 고급차이다. 7~8월에 생산된 차의 품질이 가장 뛰어나며 꽃향기와 산뜻한 떫은맛 그리고 밝은 수색이 상쾌함을 더해 주는 차이다.

④ 아삼 (Assam) 차

1831년에 인도 북동부의 아삼 지방에서 야생의 차나무가 발견되었는데 이 차가 영국에서 인기를 끌면서 개발된 차이며 주로 브랜딩용 원료로 많이 사용되고 있다. 3~11월에 걸쳐 수확을 하며 맛은 농후하고 수색은 진한 적갈색을 띤다. 몬순의 영향을 받은 유리한 기후 조건 덕분에 고급 아삼 홍차는 황색 싹의 함량이 많고 형태가 일정하다. 뜨거운 물에서 진한 홍색이 빨리 우러나오며 향이 강하지만 쓴맛과 떫은맛이 많아 밀크를 첨가하여 마시기에 적합하다.

그림 II-24. 실론홍차
(AHMAD TEA제품)

⑤ 실론 (Ceylon) 차

실론 섬 (지금의 스리랑카) 은 원래는 커피가 많이 나는 곳이었으나 1869년 이후에 병충해로 커피농장이 전멸하였다. 이에 아삼 지방의 차나무를 옮겨 심었으며 이것이 실론 (Ceylon) 차이다. 우려낸 차 빛깔이 오렌지색에서 황금색에 가까워 '홍차의 황금'이라고도 불린다. 강한 향에 개운한 맛과 감칠맛을 갖고 있어 공복에 스트레이트로 마셔도 좋은 차이다.

(나) 브랜딩 티(Blended tea)
여러 산지의 찻잎을 블랜딩(혼합)하여 만든 차이다.

① English Breakfast
대중들에게 가장 인기 있는 차이다. 스코틀랜드의 Drysdale에 의해 100년 전에 개발되어 'Breakfast Tea'라는 이름으로 시장에 내놓았다. 영국 Victoria 여왕이 스코틀랜드의 차에 매료되어 있었으므로 영국 내에서 인기를 끌기 시작했다. 이후 런던의 차 상점들이 'English Breakfast'로 이름을 바꾸어서 시장에 내놓았다.

② Irish Breakfast
아일랜드 사람들은 차를 즐겨 마시기 때문에 진한 맛의 차를 주로 마시는데, Irish Breakfast는 강한 맛을 가진 차이다. 차에 설탕과 우유가 많이 들어간다.

③ 오렌지 페코(Orange Pekoe)
Orange Pekoe 또는 Pekoe라는 말은 원래 '나뭇잎 만한 크기'라는 말이다. 중국어로는 '백발'이라는 뜻을 가지고 있는데, 찻잎 뒷면에 백발같은 솜털이 있기 때문이다. 가장 대중적

English Breakfast (FORTNUM & MASON)　　Irish Breakfast (TWININGS)　　Afternoon Tea (FORTNUM & MASON)　　Royal Blend (FORTNUM & MASON)

그림 II-25. 유명 브랜딩티

인 홍차로, 이 명칭은 홍차의 등급(OP)을 의미하기도 한다.

④ Afternoon Tea

아삼홍차를 주성분으로 하며, 진한 홍색의 색깔을 가지고 있고 맛이 부드럽다.

⑤ Royal Blend

1902년 Edward 7세를 위해 브랜딩 된 것이 시작이며 아삼차와 실론차가 브랜딩된 홍차이다. 색이 진하며, 주로 밀크티로 마신다.

⑥ Caravan

대개 중국산과 인도산 홍차를 혼합하여 제조한다. 러시아인들이 좋아하여 하루 종일 이차를 즐겼다고 한다. 이 차는 우유, 설탕과 함께 섞어서 마시는데 러시아인들이 매우 달콤한 차를 좋아하기 때문이다. 러시아의 대중 음료에는 간혹 벌꿀과 쨈을 추가하기도 한다. 최근 차 애호가들 사이에 아침에 마시기 좋은 차로 인기가 있다.

(다) 플래버 티(Flavery tea)

찻잎에 여러가지 향을 더하여 만든 차로 주로 가미된 향의 이름에 따라 분류된다.

① Earl Grey

Earl Grey(1764~1845)는 William Ⅳ세 때의 영국 수상이었지만 그의 이름을 따서 명명되는 차 이름으로 더 알려져 있는 실재 인물이다. 무역관계에 영향력을 발휘하는 인물을 찾다가 중국 무역상들이 그에게 이 브랜드를 주었다. 오늘날 세계에서 두 번째로 인기가 있는 차이다.

② 기타

Apple티는 찻잎에 사과향을 더해서 만든 홍차로서 스트레이트 티나 아이스티로 마신다. 그 외 딸기향 티, 망고향 티, 복숭아향 티 등이 있다.

○ Tea bag차와 iced tea

1904년에 뉴욕의 한 차 가게에서 헝겊주머니에 찻잎을 넣어 샘플로 보내기 시작했는데 이것이 인기를 끌게 되면서 일회용 tea bag이 개발되게 되었다. 같은 해에 아이스티가 미국 센트루이스 박람회장에서 우연히 만들어졌다. 당시 미국의 차는 대부분 녹차였는데 한 영국 상인이 홍차를 전시하였지만 무더운 날씨에 아무도 뜨거운 홍차를 거들떠 보지 않았다고 한다. 이에 즉석에서 얼음을 부어 시원한 아이스티를 만들어내자 불티나게 인기를 끌었고 급기야는 박람회장의 최대 히트상품이 되었다.

나) 홍차의 등급

홍차는 등급을 나누어 구분하는데, 원래는 고급품을 구별하기 위해서가 아니고 찻잎의 부위(형태)와 크기를 나타내기 위해서였다. 등급을 구분하는 것은 차를 우릴 때 잎의 크기에 따라 우려내는 시간이 다르기 때문이다. 잘게 자른 찻잎일수록 단시간에 추출되고 잎이 클수록 시간이 길어진다. 만일 하나의 차 통 안에 형태나 크기가 서로 다른 찻잎을 함께 넣는다면 어떤 잎은 너무 진하게 우려져 맛이 떫어지고, 어떤 잎은 추출시간이 너무 짧아 제대로 빛깔과 향이 우러나오지 않게 된다. 따라서 한 차통 안에는 절대로 다른 형태나 다른 크기의 차를 섞지 않는 것이 홍차 제조의 기본 법칙이다.

(가) 찻잎의 가공 상태에 따른 등급

① 홀 리프(Whole leaf) - 통째의 찻잎.

② 브로큰(Broken) - 잘라진 찻잎.

③ 패닝 및 더스트(Fannings/Dust) - 더 잘게 자른 찻잎(가루도 포함).

(나) 찻잎의 모양에 따른 등급

① 플라워리 오렌지 페코(Flowery Orange Pekoe, F.O.P.) - 차나무 줄기 맨 위의 새 순이다. 채취 및 분류에 품이 더 들기 때문에 플라워리 오렌지 페코를 사용한 홍차는 값이 더 비싸다.

② 오렌지 페코(Orange Pekoe, O.P.) - 길고 얇으며 털이 많이 달린 잎으로 작은 새싹이

붙어 있기도 한다.

③ 페코(Pekoe, Pek.) - 오렌지 페코보다 약간 작으며, 털도 덜 달려 있으며, 우려낸 수색
이 더 엷다.

④ 페코 수송(Peckoe Souchong, Pek. Sou.) - 수송과 페코 사이의 찻잎이다.

⑤ 수송(Souchong, Sou.) - 가장 굵고 단단한 둥근 잎으로 더 엷은 수색을 낸다.

(다) 고급 등급

① S.F.T.G.F.O.P. - 다즐링 홍차에서 사용되며 최상등급의 홍차를 뜻한다. (Super-Fine
(or Fancy) Tippy Golden Flowery Orange Pekoe)

② T.G.F.O.P. - 찻잎 형태는 그대로 남아있고 많은 새싹 부분이 함유되어 있는 홍차 제
품으로 아삼 홍차의 최상등급의 홍차이다.(Tippy Golden Flowery Orange Pekoe)

③ F.T.G.F.O.P. - T.G.F.O.P.등급 중 최상의 것으로 만든 홍차를 뜻한다. (Fancy (or Fine)
Tippy Golden Flowery Orange Pekoe)

3) 후발효차(미생물발효차, 흑차, Dark Tea)

후발효차인 흑차는 흑갈색을 띠고, 우린 찻물은 갈황색이나 갈홍색을 띤다. 흑차는 차
가 완전히 건조되기 전에 미생물이 번식하도록 함으로써 자연히 후발효가 일어나도록 만
든 차이다. 우리나라에서는 '보이차(Puer tea)'로 잘 알려져 있다. 사실 보이차는 흑차의 한
종류로 중국의 운남지방에서 만들어지는 비교적 발효정도가 낮은 미생물 발효차를 지칭
하지만, 현재 국내의 소비자들은 미생물 발효차인 흑차를 모두 보이차라고 부르고 있는
실정이다.

흑차는 주로 중국의 남쪽지방인 사천, 운남, 호남, 호북, 귀주 지역에서 생산되어 중국의
북쪽지역인 티벳, 몽골 등의 지역에서 소비되었다. 일반적인 제조방법은 찻잎을 녹차와 동
일하게 제다공정의 첫 단계에서 열을 가해 효소를 불활성화 시키고 유념, 건조과정을 거친
다음 발효, 성형, 건조 등의 과정으로 마무리한다. 흑차의 발효에 관여하는 미생물은 주로
Aspergillus, Rhizopus, Penicillium 등의 곰팡이 종류로 알려져 있으며 이들 미생물들은 가공
공정 및 환경조건에 따라 우점종의 위치가 변하는 것으로 알려져 있다.

(1) 흑차의 기원

3천여년 전, 상주(商周)시대에 차의 고향인 운남에 살던 복족(濮族) 사람들이 생산한 것이 흑차의 시초라 전해진다. 중국의 당나라시대에 찻잎을 볕에 말려 덩어리차인 떡차를 만들어 마셨는데 이때 산중 오지에서 자란 야생 찻잎의 성분이 너무 강하자 차를 묵혀 순화시킨 것이 흑차를 마시는 계기가 되었다고 전해진다. 또한, 예로부터 중국과 티벳 등의 중국북쪽에 거주하는 민족들은 중국에서 생산된 차와 티벳 등지에서 키운 말을 서로 바꾸는 차마교역을 실시하였는데 중국의 녹차가 사막을 이동하면서 곰팡이에 의하여 발효된 것이 흑차의 시초라고 보는 견해도 있다. 현재 티베트·서장·신강 등 육식을 위주로 하는 소수민족에게는 필수식품으로 인식되어 있다.

청대에 이르러 황실에서 흑차 생산 공장을 세우고 해마다 조정에 공차를 바치도록 하였는데, 이때 흑차의 최상품은 소엽종 찻잎으로 만들게 했다. 특히 흑차는 외국사절에게 국가선물로도 사용되면서 세계적으로도 인지도가 높아지게 되었다.

중화민국이 건립되면서 흑차의 생산과 판매 정책을 정부가 관리하고 민간에게 경영하는 방식으로 재정비하게 되어 한때 흑차의 생산과 판매가 활성화 되는 듯 했으나 제2차 세계대전의 여파로 차의 생산은 거의 전무하게 되었다.

전쟁 후, 운남성 정부는 찻잎 생산량을 향상시키기 위하여 산중 오지에서 자란 야생 교목형 품종을 다년간 연구한 끝에 평지에서도 자랄 수 있는 차나무 품종 개량에 성공함으로써 많은 찻잎을 확보할 수 있게 되었다. 또한 1973년에는 속성발효법인 습창 발효방법이 개발되어 대량 생산이 가능해지면서 오늘날에 이르게 되었다.

(2) 흑차의 형태

흑차에는 잎차인 산차와 증기로 찐 후 압력을 주어 형태를 만드는 긴압차가 있다. 이 두 종류의 흑차는 성분상으로는 거의 유사하다. 산차는 홍콩 및 광동 지역에서 주로 소비되고, 덩어리 형태로 보관과 운반이 용이한 긴압차

그림 II-26. 흑차(왼쪽이 병차, 오른쪽이 전차)

는 변방지방에서 선호된다. 긴압차는 그 형태에 따라 찻잔 모양의 타차(扤茶), 동그랗고 납

작한 떡모양의 병차(餠茶), 네모난 벽돌모양의 전차(磚茶), 편편한 원형의 원차(圓茶), 찻그 릇 모양의 단차(團茶), 하트모양의 긴차(緊茶), 탁구공 모양의 주차(珠茶), 사람 머리모양의 인두차(人頭茶) 등이 있다. 가장 많이 볼 수 있는 긴압차의 형태로 칠자병차(七子餠茶)가 있 는데 이것은 한 개당 375그램의 떡차 7개를 모아 포장한 것을 가리킨다.

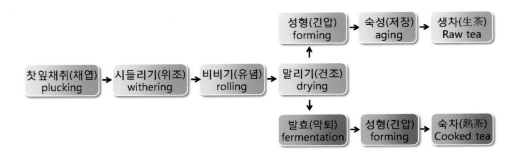

그림 II-27. 흑차(미생물발효차)의 일반적인 제조방법

(3) 흑차의 제조방법

흑차의 제조(발효) 방법은 두 종류가 있다. 먼저 옛날부터 내려오는 전통적인 방법으로 찻 잎을 건조하고 동시에 습도가 낮은 곳에 보관하면서 찻잎이 계속하여 발효되도록 하는 것을 건창발효라 하며 이렇게 만들어지는 차를 생차(生茶) 또는 청병(靑餠)라고 한다. 반면, 1973년 운남성 곤명의 차 공장에서 흑차를 빨리 발효시키는 방법을 개발하였다. 이렇게 인위적인 방 법으로 발효시키는 것을 습창발효라 하며 이 방법으로 만들어지는 차를 숙차(熟茶) 또는 숙병 (熟餠)라고 한다. 현재 대부분의 흑차는 단시간의 제조를 위해 습창발효를 이용하고 있다.

흑차의 제조 방법은 생차(건창발효)와 숙차(습창발효) 모두 동일하게 채엽 - 위조 - 유 념 - 건조과정을 거친다. 이렇게 만들어진 원료차를 보통 모차라고 부르는데 여기까지는 녹차의 제조방법과 크게 다르지 않다. 다만 건조방법에서 전통적으로 햇빛을 이용하여 건 조하는 쇄청(曬靑)방식을 사용하여 왔다. 최근에는 대량 생산을 위해 기계를 이용하여 건 조하는 홍청(烘靑)방식으로 제조하기도 한다.

건창발효 방식은 이렇게 잘 말려진 모차를 따로 인위적인 발효과정 없이 통풍이 잘되는 곳에 장시간(최소 1년~몇십년) 동안 저장하면서 숙성시켜 제품화한다. 반면, 습창발효 방 식은 모차에 미지근한 물을 뿌려 찻잎의 수분 함량이 20~40% 정도 되도록 만든 후 대나무통이나 나무상자에 쌓아놓아(퇴적) 발효를 촉진시키는 악퇴공정을 사용한다. 이때 수분 증발을 방지하고 미생물에 의한 발효가 촉진되도록 물에 적신 헝겊을 덮어준다. 보통 퇴적기간 동안 찻잎을 일주일 단위로 3~5회 뒤집어 섞어준다. 이는 발효가 진행되면서 발생하는 퇴적열에 의해 상승된 내부 온도를 내려줌과 동시에 호기성균에 의한 발효를 촉진시키기 위해서이다. 이렇게 발효시킨 차를 실내에서 일주일 정도 건조시켜 제품화한다.

퇴적발효(악퇴) 공정   성형(긴압) 공정

그림 II-28. 흑차만의 특징적인 제조공정

긴압차는 위와 같은 공정을 거친 찻잎을 틀에 넣고 100℃에서 30초간 증기를 가해 병차·타차 등의 모형을 만든 다음 포장한 것이다. 옛날에는 발효하는 과정에 이물질의 냄새가 흡착되지 않도록 대나무 껍질로 포장하는 것이 원칙이었으나 근래에는 한지를 포장지로 사용하고 있다.

(4) 미생물발효차의 종류

미생물발효차는 제조방법에 따라 혐기성 발효에 의한 담금차와 호기성 발효에 의한 후발효차로 구분된다.

담금차는 *Lactobacillus plantarum*과 *Lactobacillus vaccipostreus* 등의 젖산균에 의한 혐기적 발효에 의하여 제조되는데 중국 서쌍판납의 Nie-en과 일본의 고이시차(碁石茶)와 아와반차(阿波晩茶), 태국 북부의 Miang, 미얀마의 Leppet-so(腌茶) 등이 있다.

후발효차는 차 잎의 퇴적 중에 Aspergillus와 Penicillium 등의 곰팡이에 의하여 호기적으로 발효되고 중국의 흑차(黑茶, 黑毛茶), 노청차(老靑茶), 보이차(普洱茶), 육보차(六堡茶), 사천남로변차(四川南路邊茶), 사천서로변차(四川西路邊茶) 등이 있다. 흑차의 제품에는 흑전(黑磚), 복전(茯磚), 화권(花卷), 노청차에는 청전차(靑磚茶) 제품이, 보이차에는 보이산차

(普洱散茶), 보이단차(普洱團茶), 보이긴압차(普洱緊壓茶, 普洱磚茶), 육보차에는 루장차(簍裝茶), 주형육보차(柱形六堡茶), 남로변차에는 강전(康磚), 금전전차(金尖磚茶), 서로변차에는 방포차(方包茶) 등이 있다.

일반적으로 미생물발효차의 제조에는 비교적 성숙한 찻잎이 사용되지만 보이차는 운남의 대엽종의 비교적 어린 찻잎을 쇄청모차(曬靑毛茶)공법으로 제조한다.

2. 차의 성분

차가 세계적으로 음용되는 가장 큰 이유 중의 하나가 차가 가지고 있는 다양한 성분들 때문이라고 할 수 있다. 이러한 성분들은 찻잎에 원래 존재하기도 하지만 다양한 제다과정을 통해 만들어지기도 한다.

1) 찻잎(생엽)의 성분

차의 생잎에는 수분이 75~80%이며 고형물이 20~25%를 차지하고 있다. 고형물 중 40%는 수용성이고 60%는 셀루로스, 단백질, 펙틴, 전분, 지용성 비타민류 등의 불용성 물질이다. 수용성성분은 주로 차의 맛을 결정하는 주요한 요소로 catechin, caffein, 아미노산류, 수용성 비타민류, 당류, 사포닌과 소량의 유기산과 가용성 무기성분이 있다.

(1) Catechin 류
차의 성분 중 가장 잘 알려진 성분으로 차의 쓴맛을 내는 주 성분이다. 혈중의 혈당 상승 억제, 혈소판 응집을 억제, 항콜레스테롤, 항산화, 항암, 항미생물, 항엘러지 등의 기능성을 가지고 있다고 알려지면서 활발히 연구되고 있다.

차의 catechin에 대해서 탄닌, polyphenol, flavonoid 등의 용어를 혼재하여 쓰기도 하지만 엄밀히 말하면 탄닌이란 식물 및 가죽에 존재하는 쓴맛을 내는 성분을 의미하는 것으로 과학적인 표현은 아니며, polyphenol이란 phenol 구조가 여러 개 결합되어 있는 물질의 총칭이다. 또한 flavonoid란 phenol 화합물의 일종으로 flavan 골격을 가지고 있는 물질의 총

칭으로 catechin은 flavan 골격에 -OH가 결합되어 있는 형태(flavan-ol)가 기본 골격구조이다(그림 II-29).

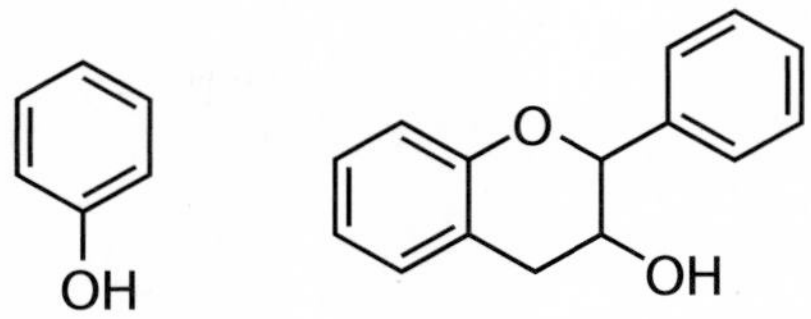

그림 II-29. Phenol(왼쪽)과 flavan-3-ol(오른쪽)의 구조

차의 catechin은 구조상 phenol이 여러 개 결합되어 있는 형태이고 flavan 골격구조를 가지고 있으며 식물 유래의 물질로 쓴맛을 나타내기 때문에 polyphenol, flavonoid, 탄닌 등의 용어를 사용하는 것이 틀리다고 할 수 없으나 모두 catechin을 넓은 의미로서 표현하는 말이기 때문에 여기에서는 가장 작은 의미인 catechin으로 통일하여 사용하기로 한다.

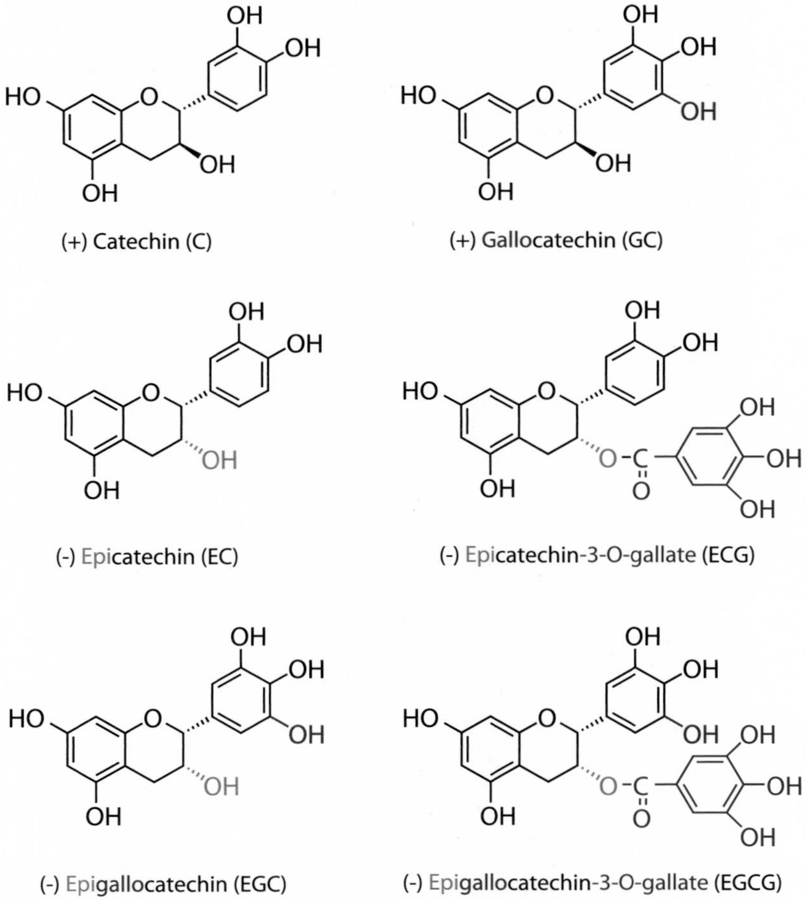

(+) Catechin (C)

(+) Gallocatechin (GC)

(-) Epicatechin (EC)

(-) Epicatechin-3-O-gallate (ECG)

(-) Epigallocatechin (EGC)

(-) Epigallocatechin-3-O-gallate (EGCG)

그림 II-30. 차의 주요 catechin류의 구조

찻잎 중의 catechin 함량: C(1~2%), GC(2~6%), EC(10~15%), ECG(9~12%), EGC(20~45%), EGCG(45~65%)

Catechin은 flavan-3-ol의 골격에 -OH가 여러 개 결합되어 있는 polyhydroxy체로 2번과 3번 위치에 부재탄소가 있기 때문에 총 4종의 이성체가 존재한다. 또한, 3번 탄소 위치에 gallic acid가 ester 결합을 이루고 있는 gallate 유도체가 존재할 수 있다. 이에 따라 (+)-catechin (C), (-)-epicatechin (EC), (+)-galocatechin (GC), (-)-epicatechin gallate (ECG), (-)-epigallocatechin (EGC), (-)-epigallocatechin gallate (EGCG) 등이 존재하며 이들을 모두 합하여 보통 catechin류라고 말한다. 찻잎(생엽) 중의 catechin류 함량은 1번, 2번, 3번 찻잎의 순서로 많으며 품종에 따른 함량은 녹차용 품종인 var. *senensis* 보다 홍차용 품종인 var. *assamica* 쪽이 많이 함유되어 있는 것으로 알려져 있다. 또한 찻잎(생엽) 중의 총 catechin류 함량에서 catechin이 차지하는 비율은 1~2% 정도이며 EGCG의 함량이 총 catechin류의 45~65% 정도를 차지한다. 다른 식물들에도 일부 catechin류가 함유되어 있으나 이렇게 많은 양의 catechin류가 함유되어 있다는 것이 차나무의 큰 특징 중 하나라고 할 수 있다.

(2) Caffeine

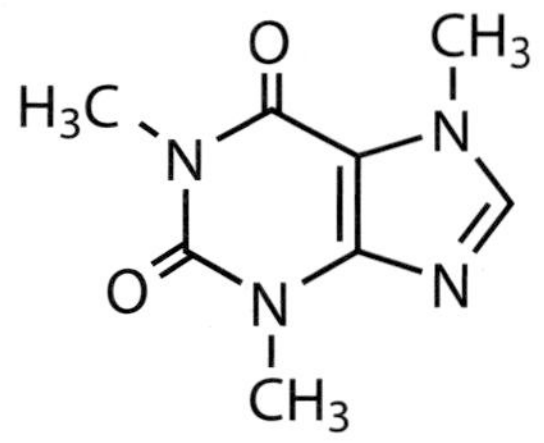

Caffeine(1, 3, 7-trimethylxanthin)은 purine염기의 alkaloid 일종으로 융점이 238℃인 백색 침상 형태의 물질이다. 120℃에서 승화가 시작되고 뜨거운 물에 잘 녹는다. 상쾌한 쓴맛을 내며 마약작용은 없으나 인체에서는 중추신경을 흥분시켜 수면을 저해한다. 강심 이뇨작용, 항천식 등의 약리작용이 있다고 알려져 있다. 찻잎에는 보통 2.5~5.5%의 caffeine이 함유되어 있다. 차 이외에도 커피

그림 II-31. Caffeine의 구조

열매(*Coffea arabica*, 1~2%), 카카오열매(*Theobroma cacao*, 0.3~2%), 콜라열매(*Cola nitida*, 1~2%), 마테차(Paragua차, *Ilex paraguariensis*, 0.2~2%) 등에 caffeine이 함유되어 있으나 찻잎 중에 가장 많이 함유되어 있다.

(3) Amino acids(아미노산)

가) Theanine

Theanine(ethylamide glutamic acid)은 찻잎 중에 1~2% 정도 밖에 함유(아미노산 중 11% 정도)되어 있지 않지만 단맛과 감칠맛을 내는 주요 성분으로 녹차의 맛에 중요한 역

$$
\begin{array}{c}
O \\
\parallel \\
C - NHCH_2CH_3 \\
\mid \\
CH_2 \\
\mid \\
CH_2 \\
\mid \\
HC - NH_2 \\
\mid \\
COOH
\end{array}
$$

그림 II-32. Theanin의 구조

할을 한다. Theanine은 주로 뿌리에서 glutamic acid와 ethylamide로부터 합성되어 새싹과 새잎으로 이동한다고 알려져 있다. 차나무의 아미노산 중 채엽시기, 차광의 유무, 질소비료의 시비량에 따라 함량이 변화하며 차나무를 차광하면 찻잎에 theanine의 축척양이 증가한다. 따라서 일본의 연차와 옥로, 말차(抹茶, 가루차) 제조에는 차나무를 차광재배하여 theanine의 양을 증가시킨 찻잎을 사용하여 왔다.

Theanine의 생리기능으로 caffeine의 중추신경 흥분작용에 대하여 길항작용(임상시험 결과)을 한다고 보고되고 있다.

그림 II-33. 차나무 차광재배 모습(장원 설록차다원)

나) γ-Aminobutyric acid(GABA)

동·식물계에 널리 분포하는 amono acid의 일종으로 혈압강하 및 신경안정 작용이 있는 것으로 알려져 있다. 찻잎을 채취하기 전에 혐기적 조건에서 수시간 방치하면 GABA의 생성량이 10~20배 정도 증가한다고 알려져 있다.

$$
\begin{array}{c}
NH_2 \\
\mid \\
CH_2 \\
\mid \\
CH_2 \\
\mid \\
CH_2 \\
\mid \\
COOH
\end{array}
$$

그림 II-34. GABA의 구조

(4) Saponin

차 종자에 0.3%, 찻잎에 0.1% 정도 함유되어 있으며 인체에서는 거담, 항균, 용혈작용이 있다. 찻잎의 saponin은 쓴맛과 감칠맛이 있어 녹차의 맛과 품질에 영향을 주며 특히 saponin 수용액을 진탕하면 지속성의 거품이 생겨 말차(가루차)의 기포형성에 관여한다고 알려져 있다. 현재까지 수종의 saponin이 차로부터 분리되었으며 그 구조는 주로 amyrin계 triterpene이 arabinose, xylose, galactose, glucuronic acid 등의 당과 결합한 형태이다.

(5) 복합다당류

찻잎에는 12%정도의 cellulose와 3~4%의 pectin, 기타 hemicellulose, 올리고당이 존재하며 식이섬유가 풍부해 혈당을 저하시키는 작용이 있다고 보고되고 있다.

(6) 비타민

찻잎에는 과산화지질의 생성을 억제하고 항암과 노화억제에 효과가 있는 비타민 C, 비타민 E, β-carotene 등의 항산화성 비타민이 다량 함유되어 있다고 보고되어 있다.

(7) 지질

지질 함량은 싹이나 어린잎의 경우 1% 내외이지만 찻잎이 성장함에 따라 약 4%까지 증가한다. 어린 찻잎에는 phosphatidyl choline이 많고 다 자란 잎에는 momogalactosyl glyceride(MGDG)가 많다. 또한, phosphatidyl ethanolamine, digallactosyl glyceride(DGDG), phosphatidyl inositol 등의 존재도 보고되어 있다. 차 종자에는 우수한 지질이 다량으로 함유되어 오랫동안 연구가 진행되어 왔으며 중국품종과 일본품종은 30% 내외이지만 assam종은 45% 정도로 높다고 보고되고 있다.

(8) 무기성분

토질과 비배관리에 따라 다르지만 보통 찻잎의 무기성분 함량은 4.2~6.2% 이다. Si, Ca, P, Fe, Mn, Mg, Na, K이 함유되어 있다고 보고되고 있으며 이중 K, Ca, P, Mg, Mn이 비교적 많고 그 외에는 소량이다.

2) 녹차의 성분

녹차는 찻잎을 채취한 즉시 효소활성을 정지시키기 때문에 다른 차에 비하여 차의 생잎에 존재하는 성분의 변화가 가장 적다고 할 수 있다. 다만 녹차제조 공정 중 최종 단계인 가열조작에 의하여 일부 물질의 변화가 일어난다. 이러한 열에 의한 성분의 변화는 증제차보다는 덖음차에서 더욱 크게 일어난다고 보고되고 있다.

(1) 가열에 의한 catechin의 변화

가열에 의한 찻잎의 성분 변화에 대해서는 차의 주요 성분인 catechin에 대하여 주로 연구되어 있다. 이러한 catechin의 변화는 증제차에서도 약간 일어나지만 가열이 보다 심한 덖음차에서 주로 일어나는 경향이 있다. 열에 의한 catechin의 주요 변화는 이성화 현상으로 catechin이 열에 의하여 보다 안정한 형태인 이성체로 변화하게 된다. 많은 연구자들의 연구 결과, EC가 C로, EGC가 GC로, EGCG가 GCG로 ECG가 CG로 전환되는 등 주로 *cis*형의 catechin(epi catechin)이 *trans*형 catechin으로 전환되며 이는 구조상으로 *cis*형 보다 *trans*형이 안정한 형태이기 때문으로 생각된다. 그림 II-35에 가열에 의해 EGC가 GC로 이성화되는 메커니즘을 나타내었다. 그림에서 보이는 바와 같이 EGC가 고온에서 장시간 열에 노출되면 heterocycling ring이 개환되고 이어서 다시 환을 이루는 과정 중에서 보다 안정한 형태인 *trans*형으로 결합이 이루어지는 것으로 생각된다. 최근 녹차 캔 음료가 많이 유통되고 있는데 이들 음료의 살균공정에서도 동일한 변화가 일어나 맛과 기능성에 영향을 주는 것으로 알려져 있다.

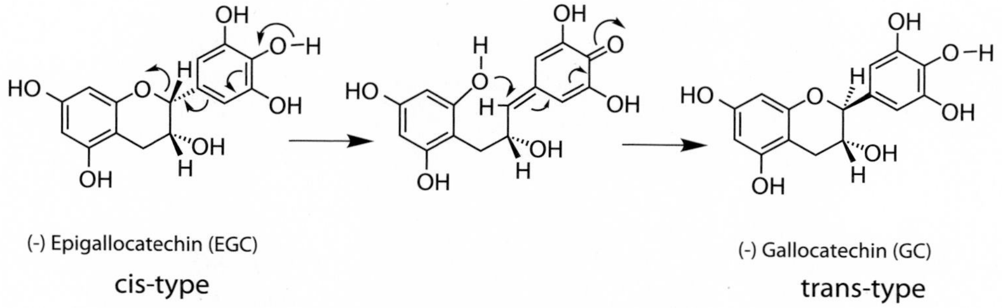

(-) Epigallocatechin (EGC)
cis-type

(-) Gallocatechin (GC)
trans-type

그림 II-35. 가열에 의한 EGC의 GC로의 이성화 메커니즘

(2) 향기성분

앞에서 언급한 바와 같이 녹차는 찻잎을 채취한 즉시 효소활성을 정지시키기 때문에 차의 생잎에 존재하는 향기 성분의 변화가 가장 적다고 할 수 있다. 또한 녹차제조 공정 중 가열조작에 의하여 향기 성분의 변화가 일어난다.

녹차의 주요 향기성분은 hexenol, hexenal, furfural 및 각종 aldehyde 등이며 이 중 녹차의 특징인 신선한 푸른 잎을 연상케 하는 풋풋한 그린 향을 느끼게 하는 성분은 hexenol 및 hexenal류의 물질이다. 이들 hexenol 및 hexenal류의 향기 성분은 찻잎에 원래 존재하는 성분으로 찻잎의 세포막을 구성하는 성분인 지방산(linolenic acid)으로부터 lipoxygenase나 hydroperoxide lyase 등의 효소의 작용에 의하여 생성되는 것으로 보고되어 있다(그림 Ⅱ-36).

또한, 제다과정 중 찻잎을 가열함에 따라 메일라드 반응(maillard reaction)이 일어나 다양한 성분들이 생성되는 것으로 알려져 있으며 이러한 반응은 특히 덖음차 과정 중에 활발히 진행되어 덖음차 특유의 가열취(로스트 향)의 원인이 되는 것으로 알려져 있다(표 Ⅱ-1).

○ 메일라드 반응(Maillard reaction)

당과 아미노산이 들어 있는 식품을 가열하면 일어나는 반응이다. 보통 이 반응을 통해 갈변화 현상이 일어나며 특유의 향이 생성된다. 대표적인 예로는 빵을 구울 때 갈색으로 변하면서 구수한 향기가 생기는 현상이다. 대부분의 식품 재료에는 당과 아미노산이 풍부하므로 거의 모든 식품가공, 조리과정에서 이 반응이 일어나게 된다.

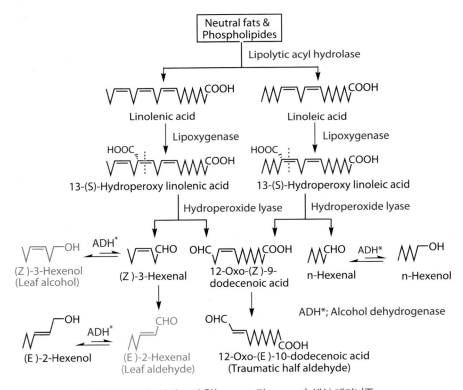

그림 Ⅱ-36. 녹차의 그린 향(hexenol 및 hexenal) 생성 메커니즘

표 II-1. 녹차 제다공정 중 가열 조작에 의한 향기 생성

Amino acid	Odor form	Volatile aldehyde form
Glycine	None	Formaldehyde
Alanine	Flowery	Acetaldehyde
Valine		Isobutyraldehyde
Leucine		Isovaleraldehyde
Isoleucine		2-Metylbutanal
Methionine		Methional
Phenylalanine	Rose-like	Phenylacetaldehyde
Glutamic acid	Flowery	None
Tyrosine	Unpleasant	None
Tryptophan	Unpleasant	None

3) 효소발효차의 성분

효소발효차는 제다과정 중 찻잎의 산화효소 및 가수분해 효소 등의 작용에 의하여 찻잎의 성분이 생화학적으로 변화된 것으로 효소의 불활성화 시점에 따른 효소반응의 시간 및 정도에 따라 약발효차, 반발효차 및 완전발효차 등으로 구분한다. 즉, 불발효차인 녹차는 제다공정 첫 단계에서 찻잎을 가열하여 효소의 활성을 정지시키는 반면 약발효차와 반발효차는 수확한 찻잎을 위조조작을 통하여 약발효시킨 뒤 효소활성을 정지시키고, 완전발효차는 위조, 발효공정을 통하여 효소반응을 충분히 시킨 다음 효소활성을 정지시킨다. 효소발효차는 이러한 효소반응에 의하여 차 잎의 성분이 변화됨에 따라 맛과 색 그리고 향기가 달라지면서 불발효차와는 다른 효소 발효차 고유의 특성을 갖게 된다.

(1) 효소발효차의 성분 변화

차의 중요한 성분인 theanine, 유리아미노산 등은 효소 발효과정 중에 분해, 변화되기 때문에 발효가 진행 될수록 함량이 낮아지는 것으로 보고되고 있다(표 II-2).

또한 catechin류와 비타민도 감소하는데 발효정도에 따라 차이가 있으나 녹차와 비교하여 30~70%까지 감소한다. 이렇게 감소된 catechin류의 대부분은 산화 및 중합에 의하여 황

색이나 홍색을 띠는 theaflavin이나 thearubidin 및 theasinensine 등의 물질로 전환되면서 차의 수색과 맛 등이 바뀌게 된다(그림 II-37). 비타민 C의 경우도 효소발효가 진행되면서 감소하는데 증제차를 기준으로 포종차는 5%, 우롱차는 16%만이 함유되어 있으며 홍차는 거의 비타민 C를 함유하고 있지 않다고 보고되어 있다.

표 II-2. 발효정도에 따른 차의 성분 함량

차의 종류	전질소 (%)	카페인 (%)	전 유리아미노산 (mg/100g)	테아닌 (mg/100g)
증제녹차	6.03	3.49	3,530	1,980
우롱차	4.70	2.34	993	1,580
홍차	3.43	2.01	531	588
흑차	4.41	2.40	48	8

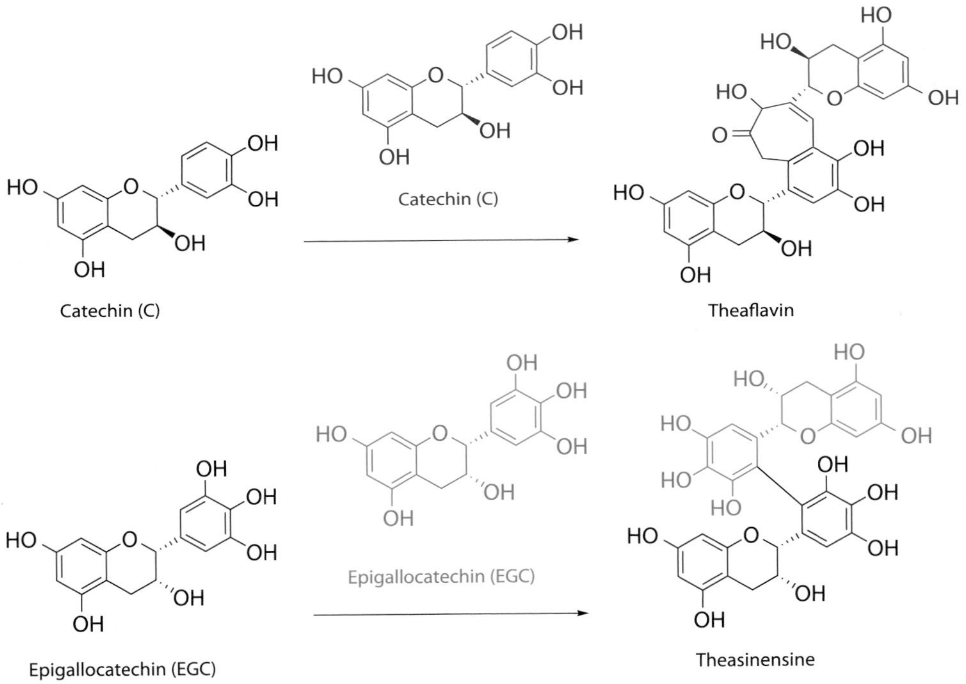

그림 II-37. 효소발효 중 catechin류의 변화

(2) 효소발효차의 향기

향기는 효소 발효차 고유의 특성과 품질을 결정하는 중요한 인자중의 하나로서 약 600여종 이상의 성분이 관여하는 것으로 알려져 있다. 차의 향기에는 이렇게 많은 성분들이 관여하고 있기 때문에 아직도 불분명한 부분이 없지 않으나 최근 기기분석법의 발달로 인해 새로운 향기성분이 발견되면서 향기성분들의 생성 메커니즘에 대해서도 활발히 연구가 진행되고 있다.

불발효차인 녹차의 주요 향기성분은 찻잎에 원래 존재하는 성분인 hexenol 및 hexenal 계 물질과 가열에 의한 메일라드반응의 대사산물인 각종 aldehyde이다. 반면, 우롱차나 홍차와 같은 효소발효차의 향기성분으로는 linalool, linalool oxide, geraniol, benzyl alcohol, 2-phenylethanol, phenylacetaldehyde, jasmine lactone, methyl jasminate, benzaldehyde, indole 등이 보고되어 있으며 특히 이들 성분 중 linalool, geraniol 등의 monoterpene alcohol과 2-phenylethanol, benzyl alcohol 등의 방향족 alcohol 등이 주요 성분으로 알려져 있다(표 II-3).

표 II-3. 효소발효차의 주요 향기 성분과 특성

번호	향기 성분	향기 특성
1	(Z)-4-heptenal	hay-like
2	(Z)-3-hexenol	green
3	2-ethyl-3,5-dimethylpyrazine	nutty
4	5-ethyl-2,3-dimethylpyrazine	nutty
5	linalool	floral, green
6	(E,Z)-2,6-nonadienal	green
7	acetylpyrazine	nutty
8	2-acethyl-3-methylpyrazine	nutty
9	phenylacetaldehyde	sweet, honey-like
10	3-methylbutanoic acid	buttery, rancid
11	4-hexanolide	nutty, oily
12	pentanoic acid	buttery, rancid
13	methyl salicylate	minty

14	4-heptanolide	sweet
15	(E,E)-2,4-decadienal	fatty, sweet
16	(E)-β-damascenone	sweet, honey-like
17	2-hydroxy-3-methyl-2-cyclopenten-1-ol	caramel-like
18	hexanoic acid	green, acid
19	geraniol	floral
20	guaiacol	burnt
21	α-ionone	hay-like
22	geranyl acetone	hay-like
23	(Z)-3-hexanoic acid	green, acid
24	heptanoic acid	green, acid
25	5-octanolide	sweet, honey-like
26	4-nonanolide	sweet
27	4-vinylguaiacol	dusty, spicy
28	vanillin	vanilla-like
29	(Z)-jasmone	green
30	eugenol	spicy
31	jasmine lactone	sweet
32	(Z)-methyl jasmonate	floral
33	indole	animal-like
34	linalool oxide	floral
35	2-phenylethanol	floral
36	benzyl alcohol	floral

가) 효소발효차 주요 향기성분인 알코올계 향기 생성 메커니즘

알코올계 성분은 장미, 쟈스민 등의 꽃과 여러 종류의 과일의 주요 향기성분으로도 잘 알려져 있으며 발효차의 중요한 특징 중의 하나인 꽃과 같은 향기의 본체로 주목받고 있다.

Takeo 등은 동일한 찻잎을 사용하여 불발효차와 발효차를 제조한 후 이들 향기성분을 조사한 결과, 불발효차에서는 소량이었던 linalool, geraniol, benzylalcohol 등의 알코올계 향기성분이 발효차에서 다량 생성되는 것을 발견하고 이들 향기성분이 발효차의 제조과정

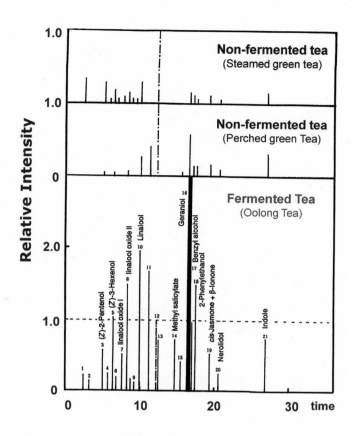

그림 Ⅱ-38. 동일 찻잎으로 제조한 불발효차(증제차, 덖음차)와 효소발효차의 향기성분 분석(GC-MS) 결과

중에 생성됨을 보고하였다(그림 Ⅱ-38).

또한, Sakata와 Kobayashi 등은 찻잎의 열수추출물에 신선한 찻잎으로부터 제조한 조효소를 반응시키면 linalool, geraniol 등의 알코올계통 향기가 생성되는 사실을 발견하였다. 또한 이들 향기성분의 전구물질을 추적한 결과, 이들 향기성분의 대부분이 β-primeveroside (6-O-β-D-xylopyranosyl-β-D-gulcopyranoside), β-accuminoside (6-O-β-D-apiofuranosyl-β-D-gulcopyranoside), β-vicianoside (6-O-α-L-arabinopyranosyl-β-D-gulcopyranoside) 등의 이당과 결합되어 있는 이당배당체로 존재하고 있으며 그 중에서도 β-primeveroside의 형태가 가장 많음을 보고하였다(그림 Ⅱ-39).

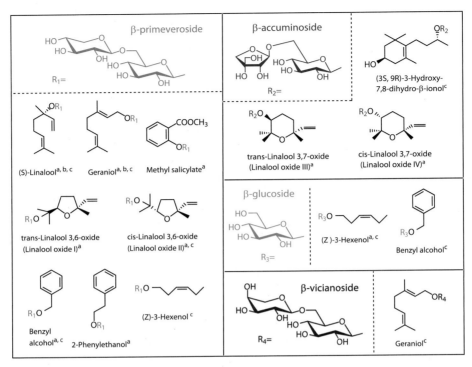

그림 II-39. 찻잎에 존재하는 알코올계 향기성분의 전구물질

a) cv. Maoxie에 존재, b) cv. Shuixan에 존재, c) cv. Yabukita에 존재

발효차의 알코올계 향기의 전구물질이 대부분 이당배당체인 β-primeveroside로서 존재한다고 보고되면서 이 배당체로부터 향기를 생성하는 효소에 대한 관심이 증가되었다. Guo 등은 녹차용 품종인 Yabukita종의 잎에서의 향기 전구물질인 β-primeveroside를 이당부분과 aglycone(향기성분)으로 가수분해하여 향기를 생성하는 효소를 정제하고 이 효소를 β-primeverosidase로 명명하였으며, 그 후 녹차용 품종뿐만 아니라 우롱차용 품종과 홍차용 품종에도 동일한 효소가 존재함을 확인하였다(그림 II-40).

이어서 수행된 Ma와 Mizutani 등의 효소학적 연구에 의하여 이 효소가 발효차의 향기생성에 key역할을 하는 주요 효소임이 밝혀졌다. 또한 이 효소는 비천연형의 이당 배당체나 단당 배당체인 β-D-gulcopyranoside는 전혀 분해하지 않고 천연형의 이당 배당체만을 선택적으로 분해하는 성질을 가지고 있으며 특히 β-primeveroside에 대하여 대단히 높은 기질특이성을 가지고 있음이 확인되었다(그림 II-41).

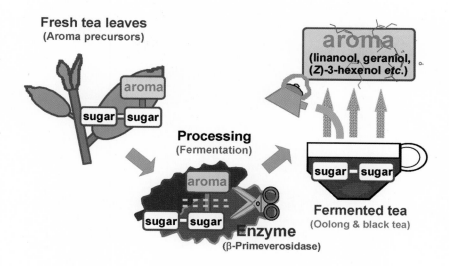

그림 II-40. 효소발효차의 향기 생성 메커니즘

이들 group은 계속된 연구를 통해 이 효소가 시안배당체(cyanogenic glycosides)를 가수분해함으로서 식물의 자기방어기작에 관여한다고 알려져 있는 amygdalin hydrolase와 가장 비슷한 유전자 배열을 가지고 있음을 밝혀내고 이 효소 역시 식물의 자기방어기작에 관여하는 효소일 가능성이 높다고 추론하였다. 또한, 잎의 위치에 따른 향기 생성효소의 분포와

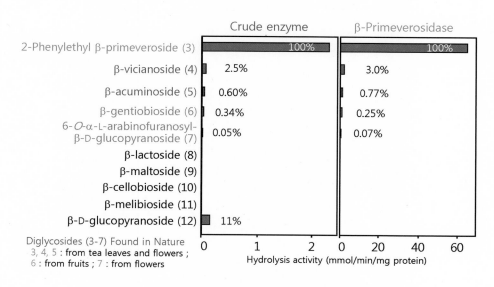

그림 II-41. 찻잎에서 분리한 β-primeverosidase의 기질특이성

향기 전구물질의 함량을 조사한 결과, 성숙한 잎보다 어린잎에 향기생성 효소와 전구물질이 많이 함유되어 있음을 확인하였다. 최근의 연구 결과 홍차의 제조공정 중 실제로 알코올계 향기 이당배당체의 함량이 급격히 감소되어 발효차의 향기생성에 이당배당체와 이당배당체 가수분해 효소인 β-primeverosidase의 역할이 중요하다는 사실이 계속 보고되고 있다.

나) 효소발효차의 기타 향기성분 생성 메커니즘

(가) 휘발성 aldehyde의 생성

장미의 꽃향기로 잘 알려진 phenylacetaldehyde는 발효차의 대표적인 휘발성 aldehyde

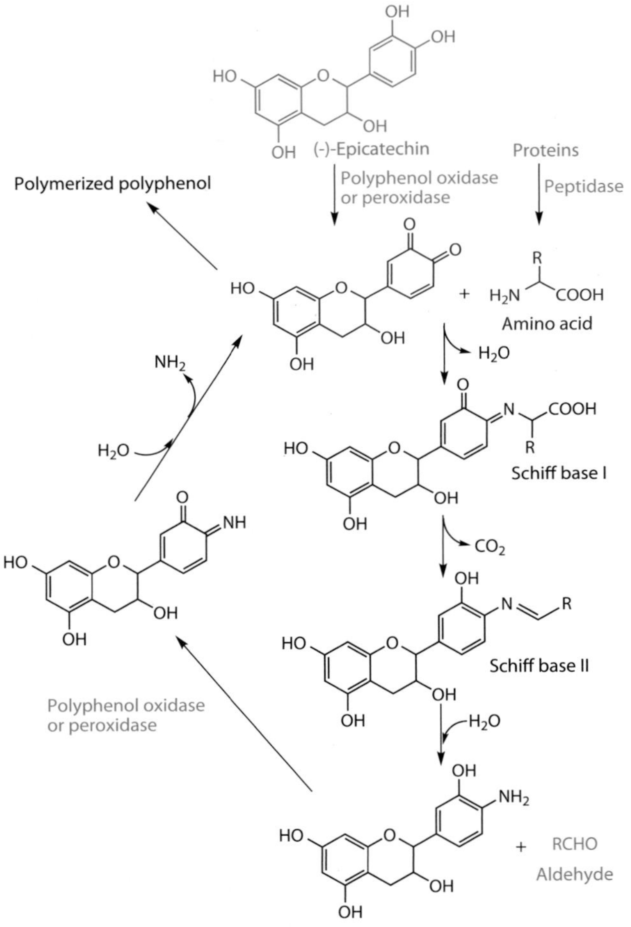

그림 II-42. catechin과 아미노산으로부터 aldehyde의 생성 메커니즘

성분 중 하나로 불발효차인 녹차에도 소량 함유되어 있으나 발효도가 높은 홍차의 향기 형성에 더욱 기여하는 성분으로 알려져 있다.

Saijo 등은 차 잎에 C^{14}로 치환된 L-phenylalamine을 가하여 발효시킨 뒤 그 대사산물을 분석한 결과(그림 II-42), C^{14}로 표지된 phenylacetadehyde가 다량 생성됨을 확인하고, 홍차의 발효과정 중에 각종 아미노산이 Strecker 분해 (a-diketone의 존재 하에서의 아미노산의 탈탄산반응)됨으로서 각각의 aldehyde가 생성됨을 확인하였다. 또한 그들은 이 반응에서 (-)-epicatechin을 비롯한 catechol 구조의 phenol성 화합물이 필수적인 cofactor로 작용한다는 사실을 아울러 확인하였다.

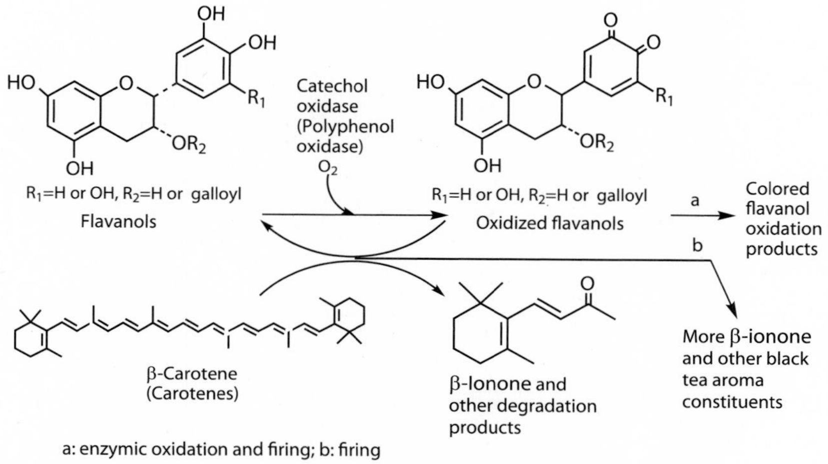

a: enzymic oxidation and firing; b: firing

그림 II-43. 효소발효 과정 중 C_{13}-isoprenoid 화합물 생성 메커니즘

(나) C_{13}-isoprenoid 화합물의 생성

a- 또는 β-Ionone, theaspirone, β-damascenone 등의 C_{13}-isoprenoid 화합물은 과일이나 꽃의 정유를 비롯한 여러 식물에 그 존재가 확인된 물질로 특히 홍차의 중요한 향기성분으로 알려져 있다.

이들 C_{13}-isoprenoid 관련 화합물은 홍차를 비롯한 발효차의 제조공정 중 발효에 의하여 polyphenol이 산화할 때 carotenoid류가 분해되어 생성되는 것으로 추정되고 있으나(그림 II-43) 주로 비효소적인 열분해나 산화 분해에 의한 연구가 이루어지고 있을 뿐 관련 효소 및 산에 의한 전이경로 등에 대한 연구는 아직 미흡한 편이다.

(다) Benzaldehyde의 생성

Benzaldehyde는 차 잎에는 소량 함유되어 있는 반면 우롱차, 홍차의 제조공정 중을 거치면서 생성량이 증가된다는 사실이 보고된 바 있었으나 그 생성 메카니즘은 불분명하였다. 최근, Guo 등은 효소발효차의 향기성분인 benzaldehyde의 전구물질이 청산 배당체인 prunasin임을 보고하였다. 이들에 의하면 청산 배당체의 prunasin이나 amygdalin에서 가수분해효소에 의하여 aglycone이 분리된 후 이 aglycone으로부터 benzaldehyde이 생성된다고 하였으며(그림 II-44) 이러한 과정은 매실, 복숭아, 버찌 등에서의 benzaldehyde 생성과정과 동일할 것으로 추정하였다.

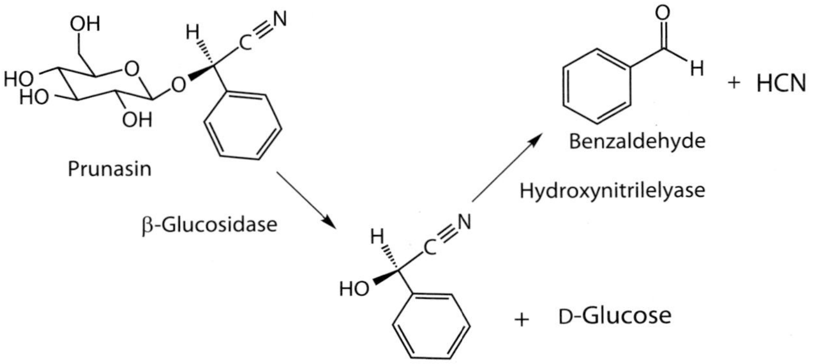

그림 II-44. 효소발효 과정 중 benzaldehyde 생성과정

(라) Methyl jasminate의 생성

Methyl jasminate는 우롱차와 홍차 등의 꽃과 같은 향기 형성에 중요한 향기 성분으로 알려져 있다. 최근의 연구결과에 의하면 식물의 phytoxylipin의 생합성 경로인 linolenic acid로부터 hexenol 및 hexenal 성분이 생성되고 남은 나머지 부분에 allenoxide 합성효소 등의 효소가 작용하여 생성되는 것으로 추정되고 있다.

4) 미생물발효차의 성분

미생물발효차의 가장 큰 특징은 채취한 찻잎을 바로 효소 불활성화 시킨 뒤 미생물에 의하여 발효를 시킨다는 점이다. 보통 잘 성숙된 찻잎을 원료로 하여 채엽, 살청, 퇴적, 유념,

가공 성형 등의 공정을 거쳐서 제조된다. 때문에 미생물발효차에 함유되어 있는 화학성분에는 다음과 같은 특징이 있다.

(1) 미생물발효차의 화학성분

먼저 원료가 되는 찻잎은 잘 성숙한 것을 사용하기 때문에 유기화합물인 아미노산, catechin, caffeine 등의 함량이 적고 당류 등의 함량이 비교적 많다. 또한 무기질 중 K, P 등의 함량이 다른 차보다 적고 Ca, Mn, F, Fe 등의 함량이 많다.

미생물발효차 특유의 퇴적공정 중에 찻잎(생엽)에 포함되어 있는 많은 성분이 산화 분해되고 중합반응 등에 의해 고분자화 된다. 이 중에서 특히 아미노산, catechin, chlorophyll, carotenoid 등의 양이 현저히 감소한다. 한편, caffeine과 이노시톨배당체의 변화는 적은 편이다.

Chlorophyll은 퇴적공정 중에 산화 분해되어 퇴적공정이 끝날 때쯤에는 거의 검출되지 않는다. 황색 색소인 carotenoid는 chlorophyll에 비하여 상대적으로 안정적이지만 역시 50% 가까이 갈색의 산화물이 되거나 저분자 화합물로 분해된다. 한편 찻잎에 많이 함유되어 있는 catechin류는 퇴적 중에 산화되어 gallic acid가 되거나 일부는 중합하여 오렌지색의 theaflavin(TF)나 적색의 thearubidin(TR), 갈색의 theabrownin(TB) 등으로 된다. 호남성 미생물발효차의 경우 퇴적 후에 TF가 약 0.2%, TR이 0.2~0.5%, TB이 7~8% 생성된다. 이들의 생성물이 미생물발효차의 특징적인 흑색을 형성한다.

아미노산은 발효 중에 미생물이 많은 아미노산을 질소원으로 사용하기 때문에 전체적으로 크게 감소한다. 보이차의 경우 퇴적 중에 아미노산의 총량이 9.7 mg/g에서 20%이하인 1.6 mg/g로 감소한다. 그러나 또 한편으로 미생물의 단백질 분해효소의 촉매작용에 의하여 찻잎의 단백질이 일부 분해되어 아미노산이 되기 때문에 퇴적공정 중에 각종 아미노산의 비율이 크게 변화된다. 예를 들면 퇴적공정 중 녹차의 감칠맛 성분인 테아닌, 글루타민산, 아스파라긴산 등은 감소하는 반면, 리진, 페닐알라닌, 루이신, 메티오닌 등은 증가한다.

Catechin 함량은 발효과정 중에 크게 감소하는데 보이차의 경우 catechin류의 함량은 188 mg/g에서 36~46 mg/g로 80% 가까이 감소한다. 반면 catechin류의 산화 생성물인 gallic acid는 발효가 진행될수록 크게 증가하는데 녹차와 우롱차에서는 그 함량이 2 mg/g 이하이지만 보이차, 육보차 등 미생물발효차에는 30~40 mg/g이 함유되어 있다.

당류는 미생물의 작용으로 고분자 탄수화물이 분해되면서 가용성 당류가 발효초기에 일시적으로 증가하다가 미생물이 증식하면서 당류의 일부를 탄소원으로 소비하기 때문에 퇴적의 후기에는 당류가 25~40% 감소되지만 다른 차에 비해서 그 함유량이 높은 편이다.

Caffeine은 퇴적중의 변화가 별로 없다고 알려져 있는데 이는 caffeine을 대사(代謝)할 수 있는 미생물은 극히 적고 원료인 성숙한 찻잎의 caffeine 함량이 적기 때문으로 생각되고 있다.

(2) 미생물발효차의 향기성분

차의 향은 차에 함유되는 휘발성 성분이 합해진 것으로 차의 품질과 특성을 결정하는 주요 인자이다. 차 종류에 따라 특징을 나타내는 향이 있는데 녹차는 상쾌한 향, 우롱차에는 꽃과 같은 향, 홍차에는 과일 같은 향이 있다. 한편 미생물발효차의 특징적인 향을 「진향(숙성한 향)」이라고 하는데 미생물에 의한 발효과정인 퇴적공정에 의하여 생성된다.

미생물발효차의 주요향기 성분으로는 묵은 차 냄새의 느낌을 주는 hexenal, (E,E)-2,4-heptadienal, (E,Z)-2,4-nonadienal 등의 불포화 알데히드류 및 (Z)-2-pentenol, 1-penten-3-ol 등의 알콜류가 있으며 특히 pentenol의 함량이 높다. 또한 꽃과 같은 느낌의 향기성분인 linalool, linalool oxide, geraniol, geraniol oxide, benzyl alcohol, 2-phenylethanol 등도 다량 함유되어 있으며 이들의 향기성분이 서로 섞여서 미생물발효차의 독특한 향을 형성하고 있다. 최근의 연구결과, methylcaprate나 methoxy benzen류의 향기성분이 관능적 기호를 저해하는 짚 냄새의 원인물질로 이 향기성분의 함량이 낮은 발효차일수록 관능적 선호도가 높다고 보고된 바 있다.

복전차(茯磚茶)의 가공에는 압제(壓製)후 「발화(發花)」라는 공정이 있는데 이 공정에 의하여 *Eurotium cristatum*라고 하는 곰팡이가 증식한다. 이러한 곰팡이의 증식도 향의 형성에 크게 관여하고 있다고 알려져 있는데 발화공정 후 geraniol, (E,E)-2,4-heptadienal 등의 46종의 향기성분의 함량이 새롭게 증가하였다는 보고도 있다.

Ⅲ. 차와 건강

건강하고 윤택한 삶은 인간이 추구하는 삶의 목표 중 하나이다. 최근 생활이 윤택해지면서 식생활도 풍요롭게 되었다. 그러나 식생활 패턴의 변화와 함께 영양 섭취의 심각한 불균형을 동반하게 됨으로서 암, 순환기계질병, 비만, 앨러지(면역관련) 등의 생활습관병이 크게 증가하고 있어 사회적으로 큰 문제가 되고 있다. 따라서 이러한 질병의 예방과 치료 그리고 건강유지에 관심이 높아지고 있으며 이에 대한 다양한 연구가 이루어지고 있다.

차는 옛날부터 맛과 향을 즐기는 기호음료 뿐 아니라 건강유지에 유익한 음료로 이용하여 왔으며 식의동원(食醫同原)이라 하여 음식을 약으로 여기던 시절부터 사람의 건강에 도움을 준다고 인식되어 왔다. 예로부터 차를 복용하면 힘과 의지가 강해지고 사고가 깊어지며 몸이 가벼워지고 눈이 밝아진다고 하였다.

최근까지의 차의 건강기능 연구를 통해 차를 음용하는 것이 다양한 질환에 대한 예방과 치료 및 건강유지에 도움을 줄 수 있다는 것이 밝혀지고 있다. 현재까지 과학적으로 입증된 차의 기능에는 기분전환작용, 중추신경흥분작용, 이뇨작용, 노화억제작용, 혈압상승 억제작용, 면역증강작용, 항돌연변이작용, 항암작용, 항종양작용, 항균작용, 항충치작용, 항바이러스작용 등이 있으며 새로운 기능들이 계속 밝혀지고 있다.

따라서 본 장에서는 이러한 질병과 건강과의 관계 그리고 이러한 질병의 예방과 건강 유지에 대한 차의 효능에 대하여 설명함으로써 차에 대한 이해를 높이고자 한다.

1. 건강과 면역

1) 면역의 이해

면역은 인간이나 동물들의 생존에 필수적인 요소로써 외부 생물체에 의한 침범 또는 자기 자신이 잘못 만들어낸 세포로부터 자신의 몸을 방어하기 위하여 사용하는 생리기전이다. 감염성 질병은 인간보다도 훨씬 빠르게 번식하고 진화하는 장점을 가진 미생물들에 의해 생긴다. 감염의 과정 중에 미생물은 인간보다 엄청난 숫자로 자기 종을 확장할 수 있다. 이에 대응하여 인체는 여러 단계로 이루어진 방어 시스템을 갖고 있는데 이들을 면역계 (immune system)라고 한다.

면역의 기본 원리는 자기분자(self)와 비자기분자(non-self)를 분별하여 비자기물질을 제거하는 것이다. 그러므로 자기와 비자기를 구별하여 인식(recognition)하는 것은 면역에 서 있어 매우 중요하다. 이러한 인식에 가장 중요한 역할을 하는 것이 주조직적합복합체 (MHC 항원, major histocompatibility complex, 인간의 경우 HLA 항원이라고도 함)라고 불 리는 유전자이다. HLA 항원은 제 6염색체에 존재하며 배아 줄기세포가 형성되는 과정에 서 양친의 유전자로부터 반반씩 이어받아 조합을 이루어 만들어진다. 따라서 인간 개인의 모든 세포는 동일한 HLA 항원을 갖게 되며 이 때문에 자기 자신을 나타내는 명찰이라고 말할 수 있다.

면역계는 몸 전체에 분포하고 있는 조직, 다양한 면역세포 및 용해성 분자 등으로 구 성되어 있다. 이론적으로 면역계는 물리적 장벽, 내재면역(innate immunity), 적응면역 (adaptive immunity) 등으로 나눌 수 있으며 이들의 유기적인 상호협력에 의하여 유지 된다(그림 III-1). 면역계가 내재면역(선천적 면역)인가 적응면역(후천적 면역)인가는 외

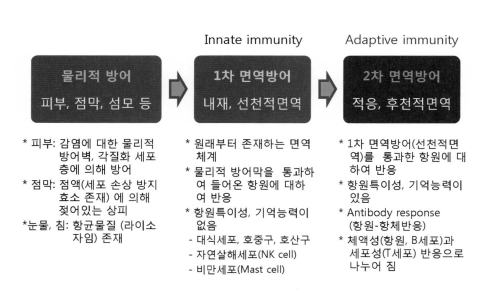

그림 III-1. 면역시스템의 구성

래물질과 상호작용이 일어나는 방식과 2차 감염에서 보다 효과적인 반응이 일어나는지에 따라 분류된다. 또한 적응면역과 내재면역계는 면역이 체액성인지 세포성인지에 따라 보다 세분화할 수 있다. 체액성 면역은 주로 어떤 체액 내에 존재하는 단백질과 같은 물질을 통하여 나타난다. 또 세포성 면역은 세포와 관련되어 나타난다. 우리 몸에서는 면역반응을 진행하는 동안 이러한 시스템들이 서로를 활성화시키고 조절하는 방식으로 작용한다.

2) 면역시스템의 구성

(1) 물리적 방어벽

피부는 감염에 대한 인체의 제1방어선이다. 피부는 각질화된 세포층에 의해 만들어져 있으며 외부로부터 침입하기 어려운 단단한 방어벽의 역할을 한다. 이는 피부가 상처나 화상 등의 물리적으로 손상을 입어 연조직이 밖으로 노출될 때 감염이 잘 일어나는 현상을 생각하면 쉽게 이해할 수 있다. 또한 우리 몸의 주요한 장기를 둘러싸고 있는 점막과 점막 표면을 흥건하게 적시고 있는 끈끈한 액체인 점액도 감염으로부터 우리 몸을 보호하는 중요한 물리적 방어벽이다. 한편 점액이라고 불리는 끈적한 액체에는 당단백질, 다양한 효소, 항미생물 펩타이드 등이 존재하여 세포의 손상과 감염을 막는다. 눈물과 침도 라이소자임(lysozyme)라는 항균물질을 가지고 있어 세균의 사멸에 도움을 주며 위, 질, 피부의 산성 조건도 미생물의 생육을 저해하는 역할을 한다.

(2) 내재면역(선천적 면역)

대부분의 감염은 매우 국소적이며 며칠 내에 사라진다. 이런 감염은 감염 즉시 반응할 수 있도록 항상 준비되어 있는 내재면역반응에 의해 통제되고 제거되기 때문이다. 근본적으로 내재면역은 항원(antigen)이라고 하는 외래물질에 반응하는 방어체계의 초기 단계 기능이다. 내재면역기전은 외래물질이 몸 안으로 들어오는 것을 막거나 제한하기도 하며 이것을 제거하기 위한 기전의 활성화를 시작할 수도 있다. 또한 내재면역을 담당하고 있는 면역세포에서 분비되는 단백질이 적응면역의 진행 방향을 결정하는데 중요한 역할을 한다.

항원에 대한 내재면역반응의 정도와 반응 양상은 항원을 만나기 전과 만난 후가 동일하다. 즉, 내재면역에 작용하는 세포는 면역기억(immunological memory)이 없으며 특정 항원에 대한 항원 특이성을 나타내지 않는다.

가) 면역세포

물리적인 방어층을 뚫고 체내로 들어온 항원에 대한 방어는 각종 면역세포들이 담당하게 된다.

대식세포	
침입한 외래물질과 미생물에 대한 식작용과 살해	

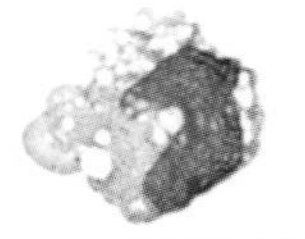

수지상세포	
항원의 정보를 T세포에게 전달하여 적응면역 유도	

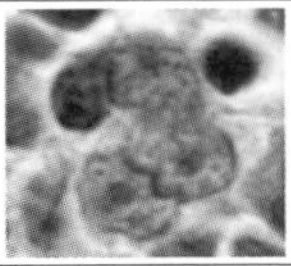

자연살해세포	
바이러스에 감염된 세포를 인식하여 제거	

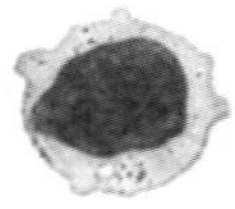

비만세포	
히스타민이 함유된 과립을 터트려 기생충 제거	

호중구	
염증반응 초기단계에서 침입한 미생물 살상	

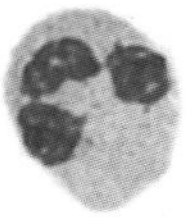

호산구	
과립을 분비하여 기생충 살상	

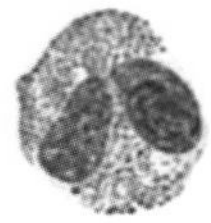

그림 III-2. 우리 몸의 내재면역 관련 세포들

이들 세포로는 대식세포(macrophage), 수지상세포(dendritic cell), 자연살해세포(natural killer cell), 비만세포(mast cell), 호중구(neutrophil), 호산구(eosinophil), 호염구(basophil) 등이 있다. 이들 각각의 세포는 내재면역 반응에서 각자 다른 역할을 한다. 예를 들어, 호중구와 대식세포는 침입한 외래물질과 미생물을 죽이고 제거하는 역할을 하며 자연살해세포는 바이러스에 감염된 세포를 제거한다. 비만세포와 호산구는 기생충을 파괴하는데 중요한 역할을 하며 수지상세포는 항원이 가지고 있는 정보를 적응면역 세포에게 전달하는 역할을 한다(그림 III-2).

나) 보체계(complement system)

내재면역의 체액성 방어기전은 대부분의 보체계(complement system)에 의해서 수행된다. 보체계는 30개 이상의 단백질군으로 되어 있는데 감염이 시작되면 보체 활성화가 자동적으로 유도된다. 보체 활성화에 의해 생성된 단백질들은 면역반응을 도와주는 옵소닌 작용을 일으키기도 하며 침입한 세균의 막을 뚫고 들어가 용균작용을 나타내기도 한다.

(3) 적응면역(후천적 면역)

적응면역 반응은 내제면역 시스템을 뚫고 들어온 항원에 대하여 작용하는 우리 몸의 세 번째 방어기작이다. 적응면역은 B 림프구(B세포)와 T 림프구(T 세포)로 불리는 두 가지 림프구에 의해 일어난다. 적응면역에서 작용하는 림프구의 특징은 특이성과 기억이다. 특이성은 특정 항원을 선택적으로 인식한다는 의미이며 특이성을 갖게된 세포는 동일한 세포를 대량으로 복제하여 면역반응을 효과적으로 수행하게 된다.

기억은 특정 항원과의 반응으로 활성화된 림프구가 차후 동일 항원에 노출되었을 경우 이전보다 빨리 반응한다는 의미이다. 적응면역을 수행하는 면역세포는 항원이 제거된 후에도 일부 기억세포를 남겨둠으로서 나중에 같은 항원이 침입하였을 때 효과적으로 반응할 수 있도록 한다. 면역학적 기억에 의하여 제공되는 적응면역을 획득면역이라고 한다. 홍역바이러스와 같은 병원체에 대한 면역은 수 십년 지속되는 반면 인플루엔자에 대한 효과는 매우 짧은데 그 이유는 면역학적 기억이 잘 못 되서가 아니라 인플루엔자 바이러스가 매년 계속 변신하여 인간이 얻은 면역을 피해가기 때문이다.

가) T 림프구 (T 세포)

T 세포에는 헬퍼 T세포(helper T cell), 킬러 T세포(killer T cell), 서프레서 T세포(suppressor T cell)가 있다(그림 III-3). 헬퍼 T세포는 사이토카인(cytokine)이라고 하는 펩타이드 형태의 단백질을 분비함으로서 다른 면역세포들에게 면역관련 정보를 제공하고 명령한다. 또한, 헬퍼 T세포는 B세포를 비롯한 면역계의 다른 세포들이 활성화된 효과세포로 발달되는데 도움을 주기도 한다. 킬러 T세포는 바이러스에 감염된 세포 또는 돌연변이된 세포를 죽이는 역할을 한다. 자연살해세포(NK cell)과 킬러 T세포는 유사한 효과기능을 가지고 있지만 NK세포가 내재면역반응에 관여하는 반면 킬러 T세포는 적응면역반응에 관여한다. 서프레서 T세포는 역할이 끝난 킬러 T세포를 사멸시킴으로써 면역반응이 완전히 종료되도록 한다.

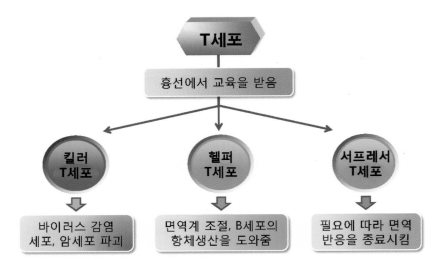

그림 Ⅲ-3. T세포의 종류와 역할

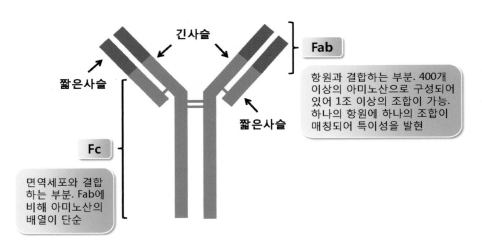

그림 Ⅲ-4. 항체의 기본구조

나) B 림프구 (B 세포)

B 세포의 주요 역요 역할은 항체(antibody)라고 불리는 면역 글로불린(immunoglobulin, Ig)를 생산하는 것이다. 미성숙 B 세포는 헬퍼 T세포의 도움을 받아 활성화 된 형질세포(항체를 생산할 수 있는 상태의 B세포)가 된다. 항체의 기본구조는 항원을 인식하는 Fab부분과 면역세포와 결합하는 Fc부분으로 구성된 Y자형 구조를 가지고 있다(그림 Ⅲ-4). 항체의

주요 기능은 해당 항원을 인식하고 결합하는 것이며 Fab부분에 존재하는 가변부위의 다양성에 의해 항원에 대한 항체의 특이성이 부여된다. 이 가변부위는 V, D, J라고 불리는 유전자들의 재조합에 의하여 만들어지며 한 개인이 일생동안 만들어 낼 수 있는 항체의 종류는 $10^9 \sim 10^{16}$개 인 것으로 알려져 있다. 항체는 IgM, IgG, IgA, IgE, IgD 등의 각각 역할이 다른 5종류가 있다(그림 III-5).

IgM
• 감염 초기에 생성 • 분자가 큼 • 수명이 짧음 • 항원을 응집하는 작용과 보체계 활성작용이 강함

IgA
• 소화관, 생식기, 기도, 위액, 콧물, 눈물 등 점막 분비액에 많이 들어 있음 • 모유, 특히 초유에 풍부하고 아기의 생체방어에 도움

IgG
• 순환 혈액 중 80% 점유 • 통상적인 면역반응에서 가장 많이 생성 • 태반을 통과할 수 있음

IgE
• 기생충 사멸과 알러지 질환과 관련 • 혈액중에 소량 존재

IgD
• 혈액 중 극소량 존재 • 정확한 역할은 아직 밝혀지지 않았음

그림 III-5. 항체의 종류

2. 차의 건강기능

1) 면역증강 작용

(1) 대식세포 활성화 기능

대식세포는 미생물의 감염에 대한 초기 방어 반응에서 항원 제시에 의한 T 세포의 활성화, 염증 반응, 항종양 작용 등 여러 면역반응에 중요한 역할을 하고 있다. 대식세포 활성화 기능 측정은 생쥐의 복강 대식세포를 사용하여 배지 내 포도당의 소비 항진 또는 질소 산화물의 생성 항진 등을 관찰한다. 연구 결과에 의하면 7일간 매일 6시간 동안 물에 빠뜨려 스트레스를 가함으로써 대식세포의 기능이 현저히 저하된 마우스에 체중 1 kg 당 100 ml의 녹차를 3일간 경구 투여 하였을 때 대식세포의 기능이 정상으로 회복됨이 관찰되었다.

(2) 항체 생성 기능

체내에 이물질이 들어오거나 감염이 되었을 때 이에 대하여 선택적으로 반응하는 항체가 생성되어 면역능력이 향상된다. 보통 항체 생산성은 효소 면역 측정법 (Enzyme linked immunosorbent assay, ELISA)을 이용해 측정한다. 위의 실험과 동일하게 스트레스를 준 마우스에 체중 1 kg 당 100 ml의 녹차를 3일간 경구 투여한 후 비장의 항체 생성수를 측정한 결과, 스트레스를 주지 않은 마우스와 동일한 수준으로 회복됨이 보고된바 있다.

2) 항염증과 항앨러지 효과

(1) 염증과 앨러지

염증은 감염된 조직에서 열, 통증, 부종 등의 증상이 동반되는 것을 말하는데 이러한 증상은 감염 자체에 기인하는 것이 아니라 감염에 대한 면역반응으로 생긴 것이다. 즉, 그림 III-6에 나타낸 바와 같이 먼저 피부에 자상이 일어나면 세균이 조직에 침범하여 내재면역 반응을 자극하게 된다(감염된 세균이 분열을 시작하면 손상된 조직에서 세균의 존재를 감지하여 싸이토카인을 분비한다). 싸이토카인은 모세혈관의 파열을 유발(혈관 벽의 투과성 증가) 하여 면역세포들이 빨리 손상부위로 움직일 수 있게 한다. 조직 내로 세포가 침투되면서 부종이 증가하고 이들이 방출하는 일부 분자들은 통증을 일으키게 된다. 이러한 불편함과 변형이 가져오는 장점은 면역계의 세포 및 분자들을 즉시 대량으로 감염된 조직으로 불러 모을 수 있게 하는 것이다. 따라서 염증반응은 우리 몸에서 일어나는 자연스러운 면역반응의 일환으로 생각할 수 있다.

반면 앨러지(면역과민반응)는 염증반응과 메커니즘은 동일하나 음식물, 식물의 꽃가루, 집먼지 등과 같이 주변 환경에서 큰 해가 없는 물질에 대하여 면역계가 반응하는 것을 의미한다. 앨러지를 일으키는 비감염성 항원을 앨러겐(앨러지 유발 항원)이라 한다. 일반적으로 앨러지 환자가 앨러겐에 노출되면 IgE 항체가 유발되며 이 항체가 순환하면서 비만세포에 결합하게 된다. 앨러겐에 계속 노출되어 비만세포에 결합되어 있는 IgE를 자극시키면 비만세포는 염증반응과 동일한 증상을 일으키는 염증 유도 물질(히스타민, 루코트리엔 등)

을 방출하게 되며 이 물질에 의하여 때때로 천식이나 전신성 아나필락시스 증상과 같이 목숨을 위협하는 강력한 반응을 일으키기도 한다.

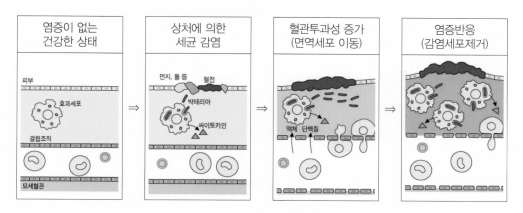

그림 III-6. 염증 메커니즘

(2) 차의 항염증과 항앨러지 효과

최근까지 차의 항염증 및 항앨러지 효과에 대한 많은 연구가 수행되어 왔다. 차의 항염증 효과는 주로 EGCG에 의한 것으로 알려져 있다. 차의 EGCG 성분 및 EGCG 함량이 높은 녹차 추출물에서 광범위한 항염증 효과가 관찰되었으며 류머티스성 관절염과 UV 등에 의한 피부 염증의 치료 및 예방 효과가 매우 높다고 보고되어 있다.

한편 앨러지는 특수한 체질을 가진 사람의 체내에 식품이나 꽃가루, 먼지, 털 등의 항원(앨러젠)이 들어가면 비만세포에 IgE가 결합하여 비만세포의 탈과립 현상이 일어나고 이에 의해 histamine등이 유리되면서 혈관투과성이 높아진다. 증상에 따라 가벼운 재채기나 기관지 천식, 두드러기, 비염, 아토피성 피부염이 일어나기도 하지만 심한 경우 생명을 잃기도 한다. 차의 항앨러지 효과는 주로 catechin에 의한 것이며caffeine, saponin, stryctinin 등도 항앨러지 효과가 있다고 보고되고 있다. 또한, catechin중에서도 EGCG, ECG, GCG가 EC, C보다 강한 항앨러지 효과가 있으며 caffeine도 강한 항앨러지 효과가 있다고 알려져 있다. 최근 연구에 의하면 녹차에 존재하는 catechin methyl 유도체가 앨러지 증상의 일종인 아토피와 천식의 치료에 탁월한 효과가 있다고 보고되어 주목을 받은 바 있다.

3) 항암 효과

(1) 암의 정의와 발생과정
가) 암의 정의

암의 머리부터 피부, 혈액에 이르기까지 우리 몸의 모든 조직에서 발생할 수 있으며, 같은 조직에서 발생되더라도 그 종류와 특성, 진행과정과 결과 등이 매우 다양하다. 암은 신체의 정상적인 생리기능을 방해하고 식욕부진, 소화·흡수불량 등으로 인해 영양 섭취를 부족하게 하며, 적당한 시기에 치료하지 못하면 사망하는 질병이다.

나) 암의 종류

정상세포는 자신이 속한 조직에서 분리하기가 어렵고 다른 조직으로 이식하는 경우 거부 반응으로 살아남기가 어렵다. 반면, 종양은 정상세포와 달리 어느 정도 자란 후에도 성장을 멈추지 않고 무제한적으로 증가하는 모든 종류의 세포 덩어리를 의미하며 악성과 양성으로 구분한다. 그 중 악성 종양은 '암'을 말하며, 양성 종양과 여러 면에서 차이를 나타낸다(표 III-1).

표 III-1. 양성 종양과 악성 종양의 특성

	양성종양	악성종양
성장속도	비교적 느림	빠름
성장형태	확대 팽창하면서 성장	주위 조직으로 침윤하면서 성장
세포의 특성	비교적 분화가 잘되어 있고 세포가 성숙	분화가 잘 안되어 있고 세포가 미성숙
재발률	수술로 제거가 가능하며 재발률이 낮음	주위 조직으로 퍼지는 성질이 있어 수술 후 종양이 있던 조직 또는 다른 조직에 재발이 흔함
전이	없음	흔함
종양의 영향	인체에 거의 해가 없으나 주요기관에 압박을 가하거나 소화관 등이 폐쇄될 때 문제가 됨	수술, 방사선, 화학요법, 면역요법 등으로 치료하지 않으면 사망
예후	좋음	진단시기, 분화정도, 전이 여부에 따라 다름

다) 암의 발생과정(그림 Ⅲ-7)

(가) 개시단계(initiation)

발암 자극이 세포를 비가역적으로 손상시켜 돌연변이 세포가 되는 과정으로 이렇게 개시된 세포 중 일부가 암세포로 전환된다.

(나) 촉진단계(promotion)

촉진단계는 개시단계에 비하여 그 속도가 느리며 여러 가지 암을 촉진시키는 인자에 의해 종양으로 발달한다.

(다) 전이단계(transition)

성장한 종양 덩어리에서 암세포가 떨어져 나와 다른 조직이나 기관으로 전이하는 단계이다. 전이단계에까지 이르는 경우에는 또 다른 제3의 기관에 전이될 가능성이 크며 수술 후 재발 가능성이 높다.

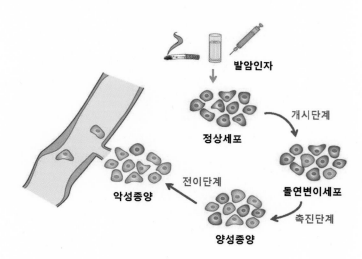

그림 Ⅲ-7. 암의 발생과정

(2) 차의 항돌연변이 및 항암 효과

역학조사에 의해 차를 생산하고 녹차를 많이 마시는 일본의 시즈오카현의 암에 의한 사망률이 현저하게 낮다는 사실이 밝혀짐에 따라 암과 녹차와의 상관관계가 오랫동안 연구되어 왔다.

암은 화학물질 등 initiator가 DNA에 작용하여 장해를 주고 돌연변이가 유도되는 initiation(개시)과정과 initiation을 받은 세포가 promoter에 의하여 무한증식성을 획득하는 promotion(촉진)과정을 거쳐 발생한다. 녹차의 카테킨 중 EGCG는 강한 돌연변이 억제효과가 있는 것으로 보고되어 있으며 EC는 변이원의 대사활성화를 저해하고, 활성대사산물을 불활성화 시켜 변이원의 활성을 억제한다고 알려져 있다. 또한, 녹차의 열수추출물은 발암의 promoter 일종인 TPA (12-O-tetradecanoylforbol-13-acetate)에 의한 protein kinase C의 활성화를 억제하여 발암 promotion을 억제한고 알려져 있다. 즉, 녹차의 열수추출물 및 catechin류는 발암 메커니즘 중 개시단계와 촉진단계의 양 단계를 억제한다. 녹차에 다량 함유되어 있는 비타민 C는 발암성을 갖는 N-nitroso화합물의 생성이나 생성물의 활성을 억제하는 인자로 알려져 있다.

4) 항산화 작용 및 노화 억제 효과

(1) 노화와 산화의 관계

생물학적인 견지에서 노화(aging)란 생명체나 장기, 조직 또는 세포가 세월이 흐름에 따라 기능적 활동능력이 점진적 감소되는 과정이라 정의할 수 있다. 인간에게 있어서 노화는 피부, 뼈, 심장, 혈관, 폐, 신경을 포함한 각종 장기와 조직에 영향을 미친다. 생물학자들은 노화를 설명하기 위한 여러 가지 학설을 주장하고 있으나 유전자(gene)와 활성산소가 크게 관여하고 있다는데 견해를 같이하고 있다.

한편 주변 환경적 요인 또한 노화와 밀접한 관계가 있는 것으로 알려지고 있다. 다양한 연구를 통해 체내에서 활성산소를 낮은 수준으로 유지시키면 수명이 연장된다는 사실이 밝혀졌다. 따라서 활성산소를 제거하기 위한 항산화제의 개발이 항노화 연구 분야에 주요한 위치를 차지하고 있다.

(2) 활성산소란?

활성산소란 전자쌍을 이루지 못한 자유 라디칼(free radical: $\cdot O_2^-$, $\cdot OH$, LOO^-, $LO\cdot$ 등)을 가진 불안정한 산소화합물로 생체조직을 산화시켜 조직이나 세포에 손상을 입힌다. 인간은 산소를 이용하여 생명활동에 필요한 에너지를 얻어 살아가고 있기 때문에 산소는 생존에 필요불가결한 요소이다. 그러나 이러한 대사과정 중 필수적으로 활성산소가 생성되며 그릇된 생활패턴 및 식생활, 산화 스트레스 등에 의해 그 생성량이 크게 증가한다.

한편, 우리 몸에는 활성산소를 제거하는 시스템을 장착하고 있는데 SOD(Super oxide dismutase) 효소에 의해 $\cdot O_2^-$가 H_2O_2로 바뀌며 생성된 H_2O_2는 카탈라제(catalase)에 의해 물과 산소로 변화된다.

인체 내에서 활성산소가 제거되지 못하면 이 활성산소가 다양한 산화반응을 일으켜 세포의 변이를 유도하고 노화시킨다. 특히, 생체 내에서 지질을 구성성분으로 하는 세포막과 지방조직, 아미노산으로 구성된 효소와 DNA는 활성산소에 의한 산화반응이 일어나기 쉽기 때문에 조직이나 장기의 상해 및 각종 대사계 질병을 일으키게 된다.

(3) 차의 항산화 및 항노화 효과

항산화반응은 인체의 라디칼 산화를 억제하는 반응으로 자유 라디칼의 생성을 억제하거나(inhibitor of radical formation), 라디칼의 연쇄반응을 억제함으로써 효과를 나타낸다. 찻잎에 존재하는 catechin은 활성산소 생성을 억제하고 생성된 활성산소를 제거하는 효과가 있다. 한편, 찻잎에 함유되어 있는 여러 종의 항산화 비타민(비타민 C, E와 비타민 A의 전구물질인 carotenoid류)은 라디칼의 연쇄반응을 억제하여 항산화효과를 나타낸다. 특히 차의 catechin 중 EGC, EGCG는 강한 항산화효과를 나타내며 이 성분이 다량 함유되어 있는 녹차는 인체의 노화지연에 기여 할 수 있다.

(4) 차의 피부미용효과

인체의 피부를 구성하고 있는 표피와 진피층은 활성산소에 의하여 손상을 받고 노화를 일으킨다. 피부는 산소, 태양광선, 세균과 공해물질에 노출되어 있기 때문에 활성산소에 의한 광노화 반응으로 손상을 받기 쉽다. 자외선에 노출될 때 활성산소 중에서 가장 반응성이 큰 일중항산소($^1O_2$)가 생성되어 피부를 구성하고 있는 단백질과 지질을 산화시켜 피부세포의 손상을 가져온다.

또한, 나이가 들면 피부 중의 과산화물의 수치가 급격하게 증가되고 단백질 손상이 늘어나면서 노화가 촉진된다. 녹차에 함유된 flavanol성분은 세포막 파괴현상(hemolysis)을 효과적으로 억제한다고 보고되고 있다. Catechin은 피부 단백질과 친화성이 있어 응고하기 때문에 오염된 각질층의 세정효과와 더불어 세균의 증식을 억제하고 체취를 제거하는데도 효과가 있다. 이와 같은 효과 때문에 산업계에서는 녹차 추출물과 차의 catechin 성분을 화장품 및 피부보호 제품의 소재로 사용하고자 노력하고 있다.

5) 심혈관계 질환 예방 효과

(1) 심혈관계 질환

심혈관계 질병은 남녀를 불문하고 서구국가에서 가장 높은 사망원인 중의 하나이다. 최근 우리나라에서도 생활습관과 식생활이 서구화되면서 심혈관계 질환의 발생이 증가하고 이로 인한 사망률이 증가하고 있다.

심혈관계 질환의 대부분은 심장과 뇌에 흐르는 혈관 내의 응혈현상에 의해 일어난다. 심장을 감싸고 있는 관상동맥에 이상이 생기면 심장근육은 상해를 받게 된다. 이것은 주로 심장병과 심근경색으로 나타나며 심장 박동이 불규칙적으로 나타나거나 멈추게 되기도 한다. 뇌혈관의 흐름에 이상이 생기면 뇌졸중을 일으켜 반신불수나 죽음을 맞이하기도 한다. 심혈관계 질환의 증상 중 대표적인 것으로 고혈압, 고지혈증, 동맥경화 등이 있다.

가) 고혈압(hypertension)

고혈압이란 동맥의 혈압이 정상보다 높은 것을 말한다. 혈압은 혈액량과 말초혈관의 저항에 의해 결정된다. 그러므로 혈액량이 많을수록, 말초혈관의 저항이 클수록 혈압은 높아진다. 고혈압은 증세가 심각해지기 전까지 아무런 자각증상을 느낄 수 없으므로 "silent disease(무언의 질병)"로 불리기도 한다. 고혈압은 상당히 진행되기 전까지는 일반적으로 뚜렷한 증상이 없고 일상생활에 지장을 초래하지 않기 때문에, 고혈압 환자의 약 절반이 혈압이 높은 줄 모르고 지내게 된다. 따라서 많은 경우 관리를 소홀히 하여 결국은 뇌, 심장, 콩팥 등 중요한 여러 장기에 손상을 초래하게 된다.

고혈압의 진단 기준을 정하는 것은 어려운 일이나, 1980년 세계보건기구(WHO)가 정한 판정 기준은 표 Ⅲ-2와 같다. 수축기 혈압 또는 이완기 혈압 어느 한쪽이 높아도 고혈압으로 간주한다. 경계고혈압은 정상혈압으로부터 고혈압으로 향하는 중간에 있어서 주의가 필요하며, 올바른 식생활과 운동, 금연 등 건강관리를 세심하게 하여 고혈압으로 발전하지 않도록 많은 주의가 요구된다.

표 III-2. 고혈압의 판정기준

분류	수축기혈압	이완기혈압
정상	〈 140 mmHg	〈 90 mmHg
경계역 고혈압	140~159 mmHg	90~94 mmHg
고혈압	160 mmHg	95 mmHg

일반적인 고혈압은 그 발병 원인이 매우 다양하지만 유전적인 요인과 식이 등의 환경적 요인들이 상호작용하여 일어나는 것으로 알려지고 있다.

나) 고지혈증(Hyperlipidemia)

혈액중에 콜레스테롤 또는 중성지방의 농도가 증가한 상태를 고지혈증이라하며 동맥경화증(atherosclerosis), 심근경색 및 뇌경색의 위험요인이 된다. 한국인을 위한 바람직한 총 콜레스테롤 수치는 200 mg/dL미만이며 200~239 mg/dL은 경계수준, 240 mg/dL이상은 고콜레스테롤 혈증이다.

콜레스테롤의 종류의 종류와 위험 지표는 다음과 같다.

① LDL-콜레스테롤

LDL은 간에서 다른 조직으로 콜레스테롤을 운반하는 역할을 하므로 LDL-콜레스테롤 함량이 높으면 관상동맥벽에 콜레스테롤이 쌓일 위험이 높다. (160 mg/dL 이상: 고위험군)

② HDL-콜레스테롤

HDL-콜레스테롤은 말초조직의 콜레스테롤을 간으로 운반하고, 간에서 콜레스테롤을 이용하여 담즙산을 합성하여 장으로 배설한다. 따라서 HDL-콜레스테롤은 동맥경화 방어 효과를 나타낸다. HDL-콜레스테롤/총 콜레스테롤, LDL-콜레스테롤/HDL-콜레스테롤은 심혈관질환의 예견지표이다. (35 mg/dL 이하 : 고위험군)

③ 중성지방: 400 mg/dL이상 : 고위험군

다) 동맥경화증(Atherosclerosis)

동맥경화증은 동맥 내벽이 두꺼워지고 굳어지며, 동맥의 탄력성이 감소하여 약해지거나, 콜레스테롤과 같은 물질이 침착되어 혈관이 좁아지거나 막히는 병을 총칭한다. 동맥경화가 심해지면 혈액 이동이 원활하지 못하고 중요한 장기로 혈액 공급이 감소되거나 혈관이 파열되기도 한다. 이러한 현상은 연령이 높아짐에 따라 점차적으로 진행되며, 보통 30세에서 시작되고 50대 이후에는 증상을 나타내게 된다. 심장의 관상동맥에 죽상경화가 생기면 허혈성 심장 질환이나 심근경색이 나타나며 뇌혈관에 죽상경화가 일어나면 뇌경색, 뇌출혈에 의한 뇌졸증이 일어난다.

동맥경화를 일으키는 가장 중요한 세 가지 위험요소는 고혈압, 고지혈증, 흡연을 들 수 있으며 이 외에도 지방과 염분의 과다 섭취, 과식, 운동부족, 스트레스, 당뇨병 등이 위험인자로 작용한다. 혈액 콜레스테롤 농도가 200 mg/dL 이상인 경우에는 손상된 부위에 콜레스테롤의 침착이 많아져서 동맥경화가 촉진된다.

(2) 차의 심혈관계 질환 예방 효과

가) 혈압상승 억제작용

신장의 protease인 renin이 혈장 중에 angiotensin I 을 생성하고, 이것은 angiotensin convert enzyme(ACE)에 의하여 혈관수축 작용을 갖는 angiotensin II 로 되어 혈압을 상승시킨다. 따라서 ACE의 활성을 저해하여 angiotensin II 의 생성을 억제하는 소재에 대한 연구가 수행되었는데 차에 함유된 catechin류 중 EGCG가 ACE의 활성을 강하게 저해하여 혈압상승을 억제하는 것으로 확인되었다. 또한, EGCG는 혈중의 cholesterol농도의 상승을 억제하여 동맥경화를 예방하며 catechin의 산화물인 theaflavin류도 ACE의 활성을 강하게 저해한다고 보고된 바 있다.

나) 혈중 콜레스테롤 저하작용

콜레스테롤은 생체의 세포막지질, 혈장 리포단백질의 구성성분으로서 생명현상 유지에 중요한 기능을 한다. 건강한 사람의 혈액에는 120~200 mg/dL의 콜레스테롤과 50~140 mg/dL의 중성지방이 있다. 동물실험에서 고콜레스테롤 식이를 녹차의 조catechin 및 EGCG과 함께 투여한 결과, 혈장의 콜레스테롤의 상승이 현저하게 억제되었으며 동맥경화지수도 개선됨이 확인되었다. 또한, 녹차와 난황의 혼합 식이에서도 차의 catechin이 난황에 의한 콜레스테롤 상승을 억제한다고 보고된 바 있다.

다) 혈전형성 억제작용

외상이 생겼을 때 혈소판 응집에 의한 혈액의 응고 작용은 중요한 생리적기능이지만 외상이 없을 때에 혈소판 기능 항진에 의한 혈소판 응집이 일어나면 혈전형성의 원인이 되어 심근경색, 뇌경색, 동맥혈전 등을 일으킨다. 차의 혈소판 응집효과를 검정한 실험결과, 녹차는 매우 뛰어난 혈소판응집 효과를 가지고 있는 것으로 나타났다. 특히 EGC는 현재 항혈소판 제제로 많이 사용되고 있는 아스피린의 약 40% 정도의 효과를 나타내는 것으로 보고되고 있다.

6) 항비만과 항당뇨 효과

(1) 비만

비만이란 주로 피하조직에 지방이 과잉으로 축적됨으로써 표준치에 비하여 체중이 과잉으로 초과된 상태를 말한다. 따라서 역도선수나 프로레슬러처럼 근육질에 의한 체중과는 근본적으로 다르다. 또 지방이 침착하는 부위도 남녀에 따라 달라진다. 즉 남자에게는 주로 뒷목과 복부에 여자에게는 유방, 복부, 허리, 엉덩이에 지방이 축적되기 쉽다. 체지방이 체중의 20~30%를 초과하는 상태를 비만이라 한다.

체지방 세포가 정상적일 때는 1/10밀리미터 정도로 우리의 눈으로 구별하기 어렵지만 이렇게 작은 체지방도 일단 불어나기 시작하면 크기가 무섭도록 불어나 무려 9배까지 부풀어진다. 보통 체지방 세포 1그램은 9cal의 열량을 갖고 있기 때문에 체중 1그램을 감량하려면 9cal의 열량을 줄여야 한다.

체지방의 절대적인 양과 더불어 체지방의 분포형태도 건강의 위험정도를 평가하는 데 중요하다. 상체비만(복부비만)은 남성형 또는 사과형 비만으로 불리는 반면, 하체비만은 여성형 또는 서양배형 비만으로 불린다. 복부비만은 고혈압, 심장병, 성인당뇨병 등에 걸릴 위험이 더 크다. 허리둘레를 엉덩이 둘레로 나눈 값 (W/H비)이 여자의 경우 0.9이상, 남자의 경우 1.0 이상이면 복부비만이다. 복부지방은 문맥혈관에 가장 가까워, 복부의 지방이 이동하면 곧 바로 간으로 가서 LDL의 생성을 유도하므로 당뇨와 관상동맥 심장병의 발병

률을 증가시킨다.

단층촬영으로 복부의 지방을 내장지방과 피하지방으로 구분하여 측정할 수 있는데 그 면적의 비가 0.4 이상일 때 내장형 비만, 그 이하일 때를 피하지방형 비만으로 분류하며, 내장형 비만이 더 위험하다.

우리 몸의 지방은 장기조직간의 완충역할을 하고 체온유지와 에너지 대사에 사용되는 중요한 역할을 한다. 그러나 지방조직이 비정상적으로 쌓이는 비만현상은 다양한 대사장애를 일으키는 원인이 된다.

통계적으로 보면 비만자의 사망률은 보통 사람에 비해 높다. 미국의 경우 체중이 표준체중보다 20% 무거우면 남자는 정상인보다 사망률이 25%, 여자는 20% 높아지며, 30% 정도 무거우면 남자의 사망률은 40%, 여자는 30% 높아진다고 보고되어 있다. 사망의 원인이 되는 병명으로는 뇌·심장·혈관장애, 간경병, 신장병, 담석 및 담낭증, 당뇨병 등이 있다.

(2) 당뇨병

비만은 특히 당뇨병의 발병과 관련이 높은데 당뇨병은 우리나라에서 고혈압, 순환기 질환과 더불어 대표적인 성인 질환이다. 우리나라에서는 성인의 약 10%인 200만명 정도가 당뇨병을 앓고 있으며, 당뇨병으로 인한 사망자수가 해마다 증가하는 추세이다.

당뇨병은 체내에서 포도당을 정상적으로 이용할 수 없게 되어 혈당량이 증가되고 소변으로 당이 배설되어 낭비되는 증세를 나타내는 질병이다.

사람은 어떤 연령에서도 당뇨병에 걸릴 수 있지만, 대부분은 40대~50대에 당뇨병에 걸리는 경우가 많다. 이런 유형의 당뇨병을 인슐린 비의존형 당뇨병 또는 제2형 당뇨병이라 한다. 췌장에서의 인슐린 분비는 정상이지만 비만, 임신, 스트레스 등 여러 이유로 인해 체내에서 분비된 인슐린의 활성도가 저하되어 발병되는 당뇨병이다. 인슐린 비의존형 당뇨병의 발병에는 유전적 소인이 작용하지만 잘못된 식사로 인한 영양장애, 운동부족, 스트레스, 중금속 오염, 약물남용 등의 환경적 요인이 보다 중요한 위험 요인으로 작용한다. 따라서, 선천적 소인을 가지고 태어난 사람들도 식사와 생활습관을 잘 관리하면 당뇨병을 어느 정도 예방할 수 있다.

한편, 어린이 또는 청소년기에 당뇨병이 걸리는 경우가 있는데, 이를 인슐린 의존형 당뇨병 (제1형 당뇨병) 또는 소아형 당뇨병이라 한다. 인슐린 의존형 당뇨병 환자는 인슐린을 분비하지 못하므로 일정량의 인슐린을 매일 주사해야 하며, 동시에 적당한 운동과 식이요법을 병행하면 혈당량을 정상적으로 유지할 수 있다.

당뇨병이 무서운 이유는 신장 질환, 심장 질환 등 여러 합병증을 동반하기 때문이다. 합병증을 예방하기 위해서는 꾸준한 치료를 통해 혈당량을 적정수준으로 계속 유지하는 것이 매우 중요하다. 당뇨병 병력이 10~15년 가량 경과하면 크고 작은 합병증이 나타난다. 따라서 당뇨병 환자는 1년에 한번 씩 당뇨합병증 검사를 받을 것을 권한다. 당뇨에 의한 주요 합병증은 다음과 같다.

- 당뇨병성 망막증으로 인한 시력 장애 및 상실(근시, 백내장)
- 혈관 병변으로 인한 심근경색, 뇌졸중
- 당뇨병성 신증(만성 신부전증)
- 당뇨병성 신경증으로 인한 무감각 및 손발이 저림

○당뇨병의 증세

당뇨병으로 진단되기 전에도 다음 중 한가지 이상의 자각 증세가 나타나면 당뇨를 의심해봐야 한다.

- 심한 갈증 때문에 물을 많이 마시게 됨
- 소변을 자주 봄
- 피부나 잇몸 염증이 잘 생기고 잘 낫지 않음
- 음식을 많이 먹게 됨
- 시야가 선명하지 않을 때가 자주 있음
- 체중 감소
- 발의 감각이 둔해지거나 쑤심
- 빈번한 공복감과 피로

(3) 미생물발효차의 항당뇨 및 항비만 효과

차는 예로부터 당뇨병의 치료약으로 사용되어 왔다고 전해진다. 녹차와 발효차도 항당뇨와 항비만 효과가 있음이 보고되어 왔지만 최근의 연구결과, 미생물발효차의 항당뇨 및 항비만 효과가 매우 뛰어난 것으로 밝혀지고 있다.

미생물발효차는 당뇨병성 신증을 일으키는 단백질의 발현을 억제하고 당뇨에 의한 신장세포 사멸을 예방함으로써 매우 강한 항당뇨 효과를 가지고 있음이 보고되고 있다. 또한,

미생물발효차 추출물을 처리하는 경우 비만을 촉진하는 단백질(FAS, SCD)의 발현은 억제하는 반면, 비만을 억제하는 단백질(adiponectin, AMPK)의 활성은 증가시켜 매우 뛰어난 항비만 효과를 나타내는 것으로 밝혀졌다. 항당뇨 및 항비만 효과는 미생물발효차의 효과가 녹차보다 뛰어난 것으로 밝혀져 이들의 효과는 catechin에 의한 것이 아니라 찻잎의 성분이 미생물 대사에 의하여 구조가 바뀐 다른 물질에 의한 것으로 추정된다.

7) 항균 및 항바이러스 효과

(1) 식중독 균 및 병원성 균에 대한 항균효과

과거부터 세균성 설사에 차를 마시는 것이 효과적이라는 사실이 잘 알려져 있다. 또한 차 추출액이 존재하는 배지에 곰팡이는 생육하지만 세균류는 잘 자라지 못하는 것으로 알려져 있다. 최근까지의 연구를 통해 차 추출물과 차의 성분이 여러 종류의 식중독 균과 병원성 균에 대하여 항균 활성이 있음이 보고되고 있다.

다양한 연구를 통해 차 추출물과 polyphenol 성분(녹차의 catechin, 홍차의 theaflavin)이 식중독의 원인이 되는 Botulinus균, 포도상구균(*Staphylococcus aureus*), Wilchii 균(*Clostridium perfrinfgens*), cereus균(*Bacillus cereus*), 장염비브리오균(*Vibrio paraphaemolyticus*) 등에 높은 항균활성을 가지고 있음이 밝혀졌다. 또한, 차의 catechin 성분은 호흡기 감염의 원인균인 백일해균(*Bordetella pertussis*)과 장관감염의 원인균인 *Vivrio cholerae* 등 병원성 균에 대해 높은 항균활성이 있으며 황색포도상구균과 콜레라균이 생산하는 독소에 대해서도 항독소 작용을 가지고 있음이 보고되었다. 한편, 재미있는 사실로 차의 catechin은 식중독 균과 병원성 균에는 높은 항균활성이 있으나 bifidus균을 비롯한 체내 유익균에 대해서는 항균효과가 높지 않음이 보고된 바 있다.

(2) 바이러스에 대한 감염 저해효과

옛날부터 담배 경작자들 사이에서는 차 추출액을 분무하면 담배 모자익 바이러스가 방재된다는 이야기가 잘 알려져 있었다. 이러한 사실에 착안하여 수많은 연구자들이 차의 항바이러스 효과에 대하여 연구를 진행하여 왔다. 그 결과, 차 polyphenol 성분인 녹차의 catechin과 홍차의 theaflavin이 influenza 바이러스를 비롯한 동·식물의 다양한 바이러스에 대하여 항바이러스 효과가 있음이 밝혀졌다. 이들 바이러스는 차 polyphenol 성분과의 접촉을 통해 감염력이 낮아지는 것으로 확인되었으며 catechin 중에서는 EGCG, theaflavin 중에서는 TF3, 3'-G의 효과가 높은 것으로 알려져 있다.

8) 기타 (담배 해독, 구취 제거, 중금속 제거 효과)

(1) 담배 해독

담배연기 중에는 acrolein, phenol, benzopyrene, nitrazine, nicotine 등 유해한 물질이 있어 흡연은 동맥경화, 심근경색, 협심증, 뇌경색, 폐기종, 만성기관지염, 천식, 위궤양, 폐암 등을 유발한다. 녹차는 흡연에 의하여 소모되는 비타민 C의 보충에 도움을 준다고 알려져 있으며 차의 catechin은 담배의 nicotine과 결합하여 무독화 시킬 수 있음이 보고되고 있다. 실지로 녹차 및 차의 EGCG를 투여하면서 담배의 발암물질로 폐암을 유도하였을 때 폐암 발생률을 45~30%나 낮추었다는 연구결과가 보고된 바 있다.

(2) 구취 제거

구취를 발생시키는 대표적인 냄새성분으로는 methylmercaptan, allyl sulfide(마늘냄새), trimethylamine(생선비린냄새) 등이 있다. 차의 catechin은 낮은 농도에서도 12.5ppm의 methylmercaptane 성분을 제거한다고 알려져 있다. 구취제거 효과는 catechin 중에서 EGCG, EGC가 강하다고 알려져 있으며 녹차 열수추출물은 낮은 농도에서도 마늘냄새, 생선 비린냄새, formaldehyde(새집 증후군의 원인물질)를 소거하는 효과가 인정되고 있다.

(3) 중금속 제거효과

인체에 위해작용을 갖는 Cd, Pb 등 중금속은 미량으로도 치명적인 질환을 유발한다. 녹차 중의 catechin은 중금속이온과 착화합물을 형성하거나 화학적으로 중금속을 흡착하여 장에서의 흡수를 방해한다고 알려져 있다. 실지로 녹차와 우롱차를 식이하면서 간과 신장의 중금속 축적량을 분석한 실험 결과, 축적량이 유의적으로 감소한다고 보고된 바 있다.

Ⅳ. 대용차와 기능성 차

1. 청태전

1) 장흥 청태전 역사

차가 문화의 정점으로 부각되면서 점차 대중화되어가는 현시점에서 가장 큰 이슈가 전통차의 복원이다. 청태전은 당(唐)·송(宋) 시대 중국에서 성행했던 고형차의 하나로 삼국시대부터 1940년대까지 장흥을 중심으로 남해안 일대에 존재했다. 차문화의 종주국이라 자부하는 중국은 물론이고, 오랜 세월을 두고 독특한 자신만의 차문화를 세계화시킨 일본에서조차 찾아

그림 Ⅳ-1. 청태전 추출 약탕기

볼 수 없는 세계 유일무이의 전통차가 장흥에 살아 숨 쉬고 있는 것이다. 또한, 우리나라에서는 예로부터 차를 약탕기에 넣고 끓여 음용함으로써 질병예방과 건강증진에 널리 활용했다는 것을 알 수 있다.

(1) 고형차 (청태전)의 종류

고형차는 삼국시대에 한반도에 전래되어 귀족사회에 빠른 속도로 보급되었다. 모양은 원형, 사각, 오각, 육각, 팔각, 원추형이거나, 혹은 새나 물고기 모양 등의 다양한 형태로 만들어졌다.

증제 고형차는 찻잎을 시루에 넣어 쪄낸 다음, 절구통에 넣어 찧어서 틀에 박아내서 건조시킨 것으로, 우리 역사에서는 병차(餅茶), 뇌원차(腦原茶), 유차(孺茶), 전차(錢茶) 등이 존재했다.

보이차와 제다방법이 유사한 부초 고형차는 차 잎을 볶고 비비고 건조해서 잎차를 만든 다음 강한 증기로 찌고 틀에 넣어 박아내서 만든 고형차이다. 이런 차의 종류로는 보림백모차(寶林白茅茶) 등이 있다. 문헌을 통해 조사한 시대별 고형차의 종류와 제다지역을 표

IV-1에 나타내었다.

표 IV-1. 우리나라 시대별 고형차 변천과정

시대	차명(茶名)과 제다지역
삼국시대	점다(點茶), 팽다(烹茶), 녹유(綠乳), 고구려 떡차
고려시대(단차)	뇌원차(腦原茶), 용봉차(龍鳳茶), 유차(孺茶), 녹태전(綠苔錢), 고려 떡차, 향차(香茶), 증갱차(曾坑茶), 쌍각용차(雙角龍茶), 엄차(淹茶), 단차(團茶), 병차(餠茶)
조선시대(전차)	용척다병(龍脊茶餠), 용단차, 노아차, 보림백모(寶林白茅), 초의떡차, 초의차(草衣茶), 다산떡차, 보림차(寶林茶)
일제시대(떡차, 전차)	나주 불회사, 장흥 보림사, 천관사, 강진 목리
1945년, 1950년 떡차	장흥 보림사, 강진 출토전차

(2) 청태전 전래과정

장흥 청태전이 원래부터 장흥지역에서 만들어졌다기 보다는 다른 지역에서 전래된 것으로 보는 이유는 청태전의 제다법과 음다법이 당대의 육우가 다경에서 언급했던 전차(錢茶, 육우차)의 그것과 너무도 흡사하기 때문이다.

육우차의 제다법은, 음력 2월부터 4월 사이의 시루에 찌고 절구통에 넣어 찧는다. 빻은 찻잎덩이를 헝겊을 깐 틀에 넣어 차를 찍어 낸 후, 배로(焙爐)라고 하는 건조대에서 불에 쬐어 말리고(焙茶) 중앙부에 구멍을 뚫어 꿰어 보관한다. 청태전의 제다법과 비교해보면 찻잎을 따는 시기와 건조방법만 다를 뿐 나머지는 거의 비슷하다는 사실을 볼 때 청태전은 육우차로부터 전래되어 만들어진 차라고 생각된다.

청태전의 제다법과 음다법에 대해서 청태전을 만들어 보고 마셔본 경험이 있는 현지인들과의 면담을 통해 자세히 조사하였다. 4월 하순부터 5월 초순에 걸쳐 청명한 날을 택해 찻잎을 따서 시루에 찐 후 절구통에 넣고 찧는다. 이어서 고조리라는 대나무 껍질로 만든 도구에 헝겊을 깔고 빻은 찻잎덩이를 넣어 청태전을 찍어낸다. 양지의 건조대에서 하루 정도 건조를 시킨 후에 중앙부에 구멍을 뚫고 가느다란 새끼에 꿰어 보관한다.

조선의 차에 관심이 많았던 이들이 1938년 나주 불회사와 장흥 보림사를 방문한 후 남긴 기록에 의하면 찻잎을 채취한 날 바로 솥에 3~4분 쪄서 절구에 넣고 끈적거릴 때까지 찧은

그림 IV-2. 청태전 제조시 헝겊 깔고 성형하는 모습과 청태전

다음 지름 아홉 푼 (약 2.3cm), 두께 두 푼 (약 0.5cm)이 되게 손으로 눌러 덩어리 모양으로 굳힌다. 굳혀진 덩이차의 복판에 작은 구멍을 내고 새끼를 꿰어서 그늘에 말리며 될 수 있는 대로 짧은 기간에 만든다고 하였다.

이에이리 가즈오는 1938년 11월 장흥 보림사 일대의 청태전을 조사하였는데, 청태전의 모양과 크기에 대한 설명 뿐 아니라 만들 때 차에 쑥이나 오갈피, 생강 등을 넣고, 차 형상을 만들 때 대나무 고조리, 대나무 테, 차 주발의 굽을 사용하기도 하는 등 다양한 방법이 고안되었다고 기록하고 있다.

표 IV-2. 장흥지역에서 제조한 청태전(돈차) 특성

제조 지역	지름(cm)	두께(cm)	무게(g)
장흥군 유치면 봉덕리	4.8	1.5	3.75
장흥군 관산면 단산리	5	–	3
장흥군 유치면 봉덕리	4.5	1.5	3

청태전의 숙성일수(상온숙성)에 따른 관능평가 결과, 제조 직후의 단맛과 향에 대한 점수는 2.45~2.90으로 보통 이하의 수준을 나타냈으나 숙성기간이 6, 12, 18개월 지나면서 평가점수가 2.93~3.10, 3.13~3.30, 3.10~3.80으로 증가하는 경향을 나타냈다. 또한, 숙성기간이 36개월을 지나면서 맛이 현저히 좋아지는 경향을 나타내 청태전을 제조한 후 집안이나 실내에서 보관, 건조하는 과정에서 후발효가 진행되는 것을 알 수 있다. 이러한 숙성(후발효)

과정은 실내온도와 상대습도에 크게 영향을 받는 것으로 조사되었다.

숙성기간이 진전될수록 청태전의 외관도 변화하였는데, 제조초기 차 본연의 색인 녹색이었으나 6개월경과 후 녹갈색으로 변하였고 18개월에는 갈색, 36개월에는 암갈색으로 변화되었다. 이처럼 청태전 외관이 변화된 것은 제조 후 시간이 경과함에 따라 효소적인 변화가 일어나거나 화학적 변화 때문으로 추정된다. 청태전 보관 시 고온다습 조건에 둘 경우 곰팡이 오염으로 부패되는 경우가 발생할 수 있어 보관시 주의가 필요하다.

전통차의 맛과 특성을 살리면서, 앞으로 차 대량소비에 대응하기 위해서는 청태전 맛을 빨리 향상시킬 수 있는 숙성청태전 제조공정 개발이 필요하다.

표 IV-3. 청태전 제조 후 숙성일수에 따른 맛 변화

제조후 숙성기간 (월)	추출조건		관능평가[z]				
	온도(℃)	횟수	쓴맛	떫은맛	단맛	향	종합기호도
0	100	첫번째	2.60±0.20	2.50±0.20	2.60±0.10	2.80±0.18	2.63±0.16
		두번째	2.80±0.10	2.90±0.14	3.00±0.15	2.90±0.15	2.90±0.13
		세번째	2.80±0.20	2.40±0.20	2.40±0.10	2.30±0.10	2.45±0.11
6	100	첫번째	3.10±0.16	3.00±0.16	3.10±0.14	3.00±0.14	3.05±0.15
		두번째	3.20±0.16	3.10±0.10	3.00±0.10	3.10±0.20	3.10±0.14
		세번째	3.00±0.10	3.00±0.14	2.90±0.14	2.80±0.15	2.93±0.13
12	100	첫번째	3.20±0.15	3.30±0.14	3.30±0.14	3.40±0.13	3.30±0.14
		두번째	3.00±0.16	3.00±0.14	3.30±0.18	3.30±0.10	3.13±0.11
		세번째	2.90±0.10	3.00±0.20	3.50±0.10	3.40±0.10	3.20±0.15
18	100	첫번째	3.80±0.20	3.60±0.20	3.80±0.10	4.00±0.20	3.80±0.12
		두번째	3.50±0.10	3.60±0.10	3.50±0.20	3.40±0.20	3.50±0.15
		세번째	3.00±0.10	3.20±0.10	3.00±0.12	3.20±0.12	3.10±0.10

[z]1=매우 나쁨, 2=나쁨, 3=보통, 4=좋음, 5=매우 좋음.

그림 Ⅳ-3. 청태전 제조 후 상온에서 숙성기간에 따른 외관 변화

2) 전통 청태전 제조 공정

찻잎 채엽, 전처리(위조), 분쇄(절구), 성형, 예건, 숙성, 건조, 품질평가를 통해 장흥 전통 청태전 제조공정을 복원해서 개발하였다.

(1) 채엽

찻잎을 1창(눈) 1엽, 2엽 또는 1창 3엽 상태로 채취한다. 청태전 맛과 제조 후 건조를 위해서는 장마철은 피하는 것이 좋다.

(2) 위조

채엽한 잎은 하룻밤 동안 실내에서 생체중량이 20~30% 감소될 때까지 말린다. 통풍이 잘 되는 실내에서 잎에 남아 있는 물기를 없애 주면서 잎을 순화시키는 효과가 있다.

(3) 선별

경화된 신초나 성엽, 나뭇가지, 이물질 등을 제거 한다.

(4) 증제

가마솥에 찻잎을 넣고 두껑을 덮은 다음 찻잎 성숙도와 양에 따라 3~5분간 증기로 찐다. 증제한 잎은 선별을 통해 경화된 줄기나 성엽 등을 제거 한다.

(5) 절구 분쇄

절구를 이용하여 10분 정도 분쇄한다. 분쇄하면 찻잎이 반죽 상태로 된다. 분쇄한 잎은 반죽을 해서 찰지게 이긴 다음 성형 한다.

(6) 청태전 성형

분쇄한 찻잎 25 g을 달아 고조리를 이용하여 직경 2.5 cm, 두께 1.5 cm 규격으로 눌러주면서 성형한다. 손으로 하는 작업이기 때문에 균일한 형상이 되도록 유의해야 한다.

(7) 예건

성형한 청태전은 대나무 바구니에 담아 실내나 그늘에서 2~3일간 건조시킨다. 곧바로 햇빛에 건조하면 균열이 발생한다. 또, 장마철에 건조하면 예건이 되지 않고 곰팡이가 자주 발생한다. 건조 중 이물질이 들어가거나 밤 동안 이슬을 맞지 않도록 해 주어야 한다.

(8) 펀칭과 결속

예건한 청태전은 어느정도 굳어지는데, 이때 청태전 중앙을 대나무로 만든 바늘을 이용 직경 0.2 cm 정도의 구멍을 뚫고 난 다음 대나무 막대기를 넣어 청태전 10~15개를 끼워 넣어 다발을 만든다.

(9) 숙성

대나무 바구니에 넣거나 실내에 설치된 선반 위에서 숙성시킨다. 새끼줄로 결속된 청태전은 방안이나 통풍이 잘되는 실내 벽에 걸어 숙성함으로써 장마철 곰팡이 발생도 예방할 수 있다. 숙성기간은 최소한 18개월 또는 36개월 정도는 돼야 청태전 고유의 맛과 향이 난다.

(10) 청태전 보관(저장)

숙성시킨 청태전은 향 손실을 막고 습기를 차단 하기 위해 항아리에 넣어 보관한다. 보관시 전통한지로 청태전을 싸면 과습 방지로 신선도가 오래 유지되는데, 틈틈이 청태전의 숙성 상태를 살펴 보아야 한다.

(11) 청태전 포장

청태전은 과습 방지를 위해 전통한지로 하나하나 감싼 후 은박지로 다시 감싼다. 감싼 청태전은 한지상자 또는 오동나무 상자에 10개씩 넣어 포장한다.

(12) 청태전 굽기와 추출

청태전은 추출전 도자기, 놋쇠, 탕기에서 살짝 구운 다음 100℃ 끓는 물로 추출한다. 아

야생차 채엽	위조	선별
증제	절구분쇄	청태전 성형
예건	편칭과 결속	숙성
숙성(보관)	전통한지 포장	포장

그림 IV-4. 장흥 전통 청태전 제조 공정

예 청태전을 주전자나 탕기에 넣고 끓여 마시기도 한다. 청태전을 구운 다음 끓는 물로 추출하면 향이 깊고 탕색이 짙어지면서 맛이 좋아진다. 옛날에는 청태전 분말을 끓는 물에 타서 마시기도 하였고 한약 탕기에 한약과 함께 넣어 끓여 마시기도 하였다.

3) 대량생산을 위한 숙성 청태전 제조공정

청태전의 산업화를 위해서는 대량생산과 함께 제조 후 곧바로 유통시킬 수 있는 제조 공정이 필요하다. 따라서, 찻잎 채취, 전처리(위조), 증제(스팀), 분쇄(기계), 성형, 예건, 숙성, 건조, 품질평가를 통해 숙성 청태전 제조공정을 개발하였다.

(1) 채엽, 위조, 선별 과정
상기의 전통 청태전 제조공정과 같다.

(2) 증제
스팀통이나 시루에 천을 깔아 찻잎을 넣고 두껑을 덮은 다음 3~5분간 증기로 찌는데, 떡 방앗간에서 사용하고 있는 증제기를 활용하면 편리하다.

(3) 기계분쇄
분쇄기를 이용하여 분쇄하는데 시중에 유통중이거나 방앗간에서 활용중인 분쇄기를 이용하면 효율적이다. 분쇄 중 질긴 잎이나 줄기에 의해 여과망이 막히지 않도록 주의해야한다.

(4) 청태전 성형
분쇄해서 반죽한 찻잎 25 g을 달아서 직경 2.5 cm, 두께 1.5 cm 규격의 물프레나무 성형틀에 눌러주면서 성형한다. 손으로 하는 작업이기 때문에 균일한 형상이 되도록 유의 한다.

(5) 예건
제조한 청태전은 대나무 바구니에 담아 실내에서 2~3일간 건조시킨다. 건조 중 이물질이 들어가거나 밤에 이슬을 맞지 않도록 주의해야한다.

(6) 펀칭과 결속

청태전 중앙을 대나무로 만든 바늘을 이용하여 직경 0.2 cm 정도의 구멍을 낸 다음 대나무 막대기에 15개를 끼워 넣는다. 이러한 작업은 벽에 걸어 건조하거나 실내에서 건조 시 취급이 용이하고 통풍이 잘돼 장마철 곰팡이 발생도 예방할 수 있다.

(7) 건조

대나무 바구니나 실내에 설치된 선반 위에서 완전히 건조시킨다. 상온(25℃)에서 제습기와 함께 10일간 두면 완전히 건조된다. 건조기가 있는 경우 80℃ 내외 온도에서 건조하여 시간을 많이 단축시킬 수 있다.

(8) 발효기에서 숙성(발효)

건조시킨 청태전은 발효기에서 온도 50℃, 상대습도 60% 내외에서 10일간 숙성 시킨다. 이 과정을 통해 청태전의 비린맛과 풀냄새가 없어지면서 구수한 맛이 형성된다.

(9) 청태전 보관(저장)

숙성시킨 청태전을 상온에 노출 상태로 보관하면 맛과 향이 감소하고 장마철 과습되기 때문에 전통한지에 싸 항아리에 보관하면 좋다.

(10) 포장

청태전 유통을 위해 전통한지로 싼 것을 포장 용기에 넣고 포장한다. 청태전은 공기중의 습도와 온도에 의해 자연숙성이 일어나기 때문에 꼭 밀봉을 하지 않아도 된다.

(11) 유통

청태전은 제조 후 수년간 유통이 가능하다. 그러나 유통 중 고온다습한 조건에 두면 미생물이나 곰팡이에 쉽게 감염되기 때문에 통풍이 잘되는 곳이나 항아리에 보관한다.

청태전을 표준 제조공정으로 제조하더라도 맛에 다소 차이가 나타나는데 이것은 채엽시기, 잎 성숙정도, 숙성, 보관 중 숙성(후발효)에 차이가 있기 때문이다. 따라서, 야생차는 곡우 이후부터 5월 중순까지 채취하고, 채엽시 1창 4~5엽까지만 채취하고 그 아래 경화된 잎은 채취하지 않는 것이 바람직하다. 제조된 청태전은 상온 보관시 통풍이 잘 되는 곳에 보관하고 대량 보관시 상대습도가 낮을수록 좋다.

야생차 채엽	선별	위조
스팀 증제	기계분쇄	청태전 성형
예건	편칭과 결속	건조
발효기 숙성(발효)	전통한지 포장	상자 포장

그림 IV-5. 숙성 청태전 대량 제조 공정

4) 청태전의 약리효과

(1) 의약서적

차에는 몸에 유익한 여러 가지 기능성 성분이 많이 포함되어 있어 옛 선인들은 선약이라고 하였다. 양약이 발달하지 않았던 시절, 차의 약리적 효능이 있었기에 오랜 세월 인류의 사랑을 받아 오늘날까지 널리 음용될 수 있었다.

찻잎을 동양에서는 일찍부터 생약재로 이용하여 단방약으로 쓰기도 하고, 알약이나 환을 복용할 때 찻물을 함께 마시기도 했다. 또한 해독제로 사용하기도 했으며 병의 증상에 따라 외용약으로도 써왔다.

차의 효능에 관한 기록은 다서, 의서, 약서, 경사자집 등 고문헌에 많이 기록되어 있다.

본초강목을 비롯한 본초류의 28가지 문헌, 천금요방을 비롯한 의방류 24가지 전적(典籍), 다경을 비롯한 다서류 11가지 전적, 광아(廣雅)를 비롯한 경사자집 30가지의 전적 등 93가지의 고문과 의서에 기록되어 있다.

표 IV-4. 의약서적에 기록된 차의 약리적 효능

의약서적	약리 효과
본초강목	종기치료제, 졸음예방, 이뇨, 두통, 거담, 해갈, 해열, 강심, 요통, 천식예방
신농본초경	눈을 밝게함, 해독작용
식론	두통예방
동군록	졸음예방
본초십귀	체중감소, 졸음예방
중국의약사전	잠귀가 밝아짐, 변비예방
심시요함	백내장예방
본초강목습유	풍습(祛風濕)제거, 헛배 부른 것 치유, 상처나 염증예방
본초습유	지방제거, 눈이 밝아짐, 갈증해소
동의보감	기를 내리고 소화촉진, 머리를 맑게하고 눈을 밝게함, 이뇨와 졸음 예방, 해독, 해갈

동의보감의 여러 처방 중 차에 관련된 내용은 크게 세 가지로 나눌 수 있다. 첫째는 차 자체만을 이용하는 단일 처방으로 사용되는 경우가 있고, 둘째는 차와 다른 한약재를 섞어서 효과를 높이는 복합 처방이고, 셋째는 처방에 차가 직접 쓰이지는 않지만 가루로 된 약이나

환약(丸藥)을 복용할 때 물 대신 다탕(茶湯)을 이용하여 그 처방의 효과를 중대 시킨 경우를 들 수 있다. 처방에 차가 사용되었음을 알 수 있게 茶자가 쓰인 경우도 강다탕(薑茶湯), 국화다조산(菊花茶調散), 뇌다음(腦茶飮), 반다산(礬茶散) 등 네 가지가 나타나 있다.

(2) 청태전의 기능성 효과

청태전의 주요 특성조사에서, 비타민 C는 청태전이 0.30 g으로 녹차의 0.38 g에 비해 낮았고 전아미노산도 2.30 g으로 녹차의 2.96 g에 비해 현저히 낮았다. 전질소와 클로로필함량도 청태전에서 각각 4.20 g, 1.48 g로 녹차의 5.15 g, 1.86 g에 비해 현저히 낮은 경향을 나타냈다.

반면, 탄닌, 카페인, 환원당 함량은 녹차와 차이가 없었다. 야생차로 제조한 청태전에서 아미노산, 질소, 클로로필함량이 녹차에 비해 현저히 낮은 것은 제다나 발효과정에서 차이보다는 재배차에 비해 시비량이 상대적으로 현저히 낮기 때문으로 추정된다. 비타민 C 함량 감소는 청태전 숙성(발효)과정에서 다소 산화되었기 때문으로 생각되었다.

표 IV-5. 청태전과 녹차의 주요 영양소 비교

주요 성분	함량 (g · 100g^{-1} 건물중)	
	녹차	청태전
Ascorbic acid	0.38±0.08^{az}	0.30±0.06^{b}
Total amino acid	2.96±0.34^{a}	2.30±0.32^{b}
Total nitrogen	5.15±0.87^{a}	4.20±0.55^{b}
Tannin	12.40±0.24^{a}	11.80±0.40^{a}
Caffeine	1.80±0.24^{a}	1.70±0.30^{a}
Reducing sugar	1.55±0.38^{a}	1.40±0.30^{a}
Chlorophyll	1.86±0.26^{a}	1.48±0.20^{b}

^{z}95% 던컨 다중 검정

청태전과 녹차의 주요영양소와 항산화도에서, 청태전은 비타민 C, 전질소, 아미노산 함량은 녹차보다 낮았다. 카페인, 환원당, 클로로필함량은 녹차와 비슷한 수준을 나타냈다. 청태전은 catechin, epicatechin(EC), epigallocatechin(EGC)함량은 녹차보다 낮았으나, gallocatechin(GC), epicatechin gallate(ECG), epigallocatechin gallate(EGCG), catechin gallate(CG)는 차이가 없었다. Quercetin과 kaempferol함량은 청태전에서 높았으나, myricetin 함량은 녹차에서 높았다. 유리아미노산과 무기물은 두 차에서 차이가 없었다. 총 폴리페놀함량은 청태전이 녹차에 비해 높았다. 항산화도(ABTS, CUPRAC, FRAP, DPPH)도 녹차에 비해 청태전이 높았다. 따라서, 청태전은 녹차보다 생리활성물질과 항산화가 높았다(Plant Foods Hum Nutr(2010) 65:186-191).

표 IV-6. 청태전과 녹차의 항산화도 비교

항산화도 (%)	녹차	청태전
Antioxidant activity (mM TE.g^{-1} F wt)	40^{bz}	52^{a}
ACE inhibition activity (%)	68^{a}	60^{a}
Electron donating ability (%)	63^{a}	69^{a}
Nitrite scavenging activity (%)	72^{a}	76^{a}

(3) 청태전의 동물에서 기능성

인체 유방암세포인 MDA-MB-231 (breast cancer, American Type Culture Collection)에서, FBS처리는 시간경과와 더불어 세포들의 이동이 증가된 양상을 보였으나, 청태전을 250, 500 mg/ml처리할 때 통계적으로 유의한 억제 효과가 나타났다.

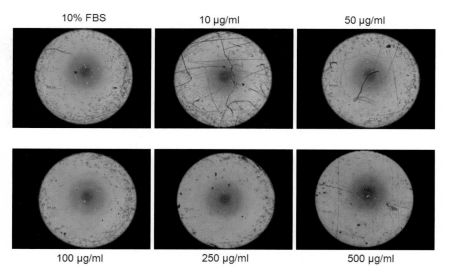

그림 IV-6. 청태전 추출물의 유방암 세포 억제 효과

혈청내 지질산화, 평활근 증식과 이동성은 고혈압의 원인이 된다. 청태전 추출물의 항산화도는 비타민 C의 85%, 일산화질소(NO) 소거능은 80% 수준으로 나타났다.

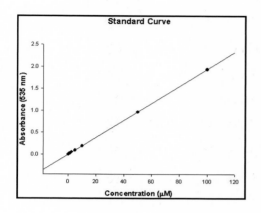 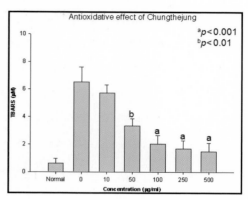

그림 IV-7. 청태전의 혈청 산화 억제 작용

한편, 혈청 내 지질의 과산화물(lipid peroxidation)은 대조구가 7 μm인 반면, 청태전 추출물은 2 μm/250 μg/mL)로 낮게 나타나 항산화 효과가 있음이 인정되었다.

암세포 및 혈관세포의 MMP (matrix metalloproteinase, 평활근세포 합성 단백질) 발현에서 가장 직접적 영향을 미치는 MMP-2(72 kda), MMP-9(92 kda)의 발현이 중요하다. 세포에서의 MMP발현은 MMP-2가 우월적으로 발현되면서 MMP-9의 발현은 나타나지 않았다. 이러한 결과를 통해 청태전은 평활근세포의 MMP 생성 및 MMP 발현 cell signal에 효과를 나타내 고혈압 예방효과가 있는 것으로 나타났다.

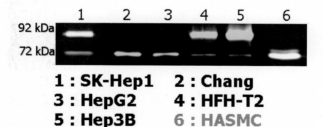

그림 IV-8. 여러 세포종에 있어 MMP의 발현 양상

2. 가바차

1) 가바의 특성

가바차(gaba tea)에 함유된 가바(γ-aminobutyric acid)는 뇌 신경전달 세포를 활성화시켜 아세틸콜린을 분비함으로써 불안감을 낮추고 혈압상승을 막는 효과가 있는 것으로 알려져 있다. 가바는 식물, 세균류에 존재하는데, 1850년 Eugene Roberts와 Jorge Awapara가 각각 포유동물 중추신경계에서 발견하였고(1 mg/g), 1960년대 이후 신경전달물질로 인정받았다. 차를 제다하기 전 밀폐된 드럼통이나 용기에 넣고 15~20℃에서 질소가스를 3시간 혐기 처리한 다음, 제다하면 가바함량이 일반 차에 비해 5~10배 증가한다. 이때 가바는 글루탐산(glutamic acid)이 글루탐산디카복실라제(glutamic acid decarboxylase) 효소에 의해 합성된다.

국내에서 가바차에 대한 규정이 없으나 일본에서는 적어도 150 mg/100 g은 함유되어 있어야 가바차로 인정받고 있다.

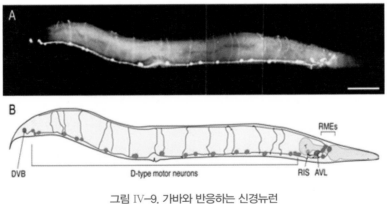

그림 IV-9. 가바와 반응하는 신경뉴런

2) 가바차 제다

가바는 혐기처리조건에서 합성되기 때문에 제다전 혐기처리가 필요하다. 채취한 잎은 선별한 다음 곧바로 밀폐된 용기에 넣으면서 질소가스를 처리 한다. 밸브를 열어 질소가스를 분당 5 L흘러 보내면 5분정도 지나면 포화도 95% 수준에 도달된다. 이때 질소가스 봄베 밸브를 닫아 혐기(A), 혐기와 호기(B), 혐기, 호기, 혐기(C)처리를 각각 3시간 할 경우 가바 함량은 225, 270, 275 mg으로 증가한다.

질소가스를 이용하여 혐기처리 할 때 처리시간이 길어지면 차 외관은 차이를 나타내지 않지만 향과 맛이 감소하는 경향이 있어 가능하면 처리시간은 6시간 이내로 하는 것이 좋다. 한편, 실험실에서 유산균주 1% 용액에 glutamic acid 3% 용액을 처리해서 발효시킬 경우 가바함량은 700 mg/100g 수준으로 증가하기도 한다.

그림 IV-10. 가바차 합성을 위한 혐기처리

표 IV-7. 혐기처리 조건에 따른 찻잎의 가바함량

N₂ 가스처리 [z]	아미노산[y]함량 (mg/100g 건물중)						
	Asp	Thea	Ser	Glu	Ala	Gaba	Arg
A	42[bx]	1,394[a]	135[a]	172[b]	270[a]	225[b]	388[a]
B	36[b]	1,328[a]	127[a]	125[c]	285[a]	270[a]	375[a]
C	32[b]	1,196[a]	115[a]	120[c]	300[a]	275[a]	421[a]
대조구	141[a]	1,381[a]	121[a]	342[a]	119[b]	35[c]	406[a]

[z]A=3시간, 100% N₂, 20℃
 B=3시간, 100% N₂ → 3시간 호기(대기)조건, 20℃
 C=3시간 100% N₂ → 3시간 호기조건 → 3시간, 100% N₂, 20℃
[y]Asp : Aspartic acid, Thea : Theanine, Ser : Serine, Glu : Glutamic acid, Ala : Alanine, GABA : γ
−Aminobutyric acid,
Lys : Lysione, His : Histidine, Arg : Arginine.
[x] 95% 던칸 다중 검정.

그림 IV-11. 혐기처리를 통해 개발한 다양한 가바차

가바차에서 가바는 잎보다 어린 줄기에 많고, 잎에서는 잎이 어릴수록 많다. 채엽전 10~15일간 차광처리하면 가바가 증가한다. 또한, 자외선을 2~4시간 동안 처리하거나 신호 전달물질(methyl jasmonate 1,000ppm, salicylic acid 1,000ppm)을 처리할 때 가바가 15% 정도 증가한다.

3) 가바차의 기능성

(1) 주요영양소 함량

일반녹차(28종)와 가바차(28종)를 수집해서 주요영양소를 비교한 결과, 함수율, 총아미노산, 전지방, 전질소, 유리지방산, 환원당은 차이가 없었다. 가바차 추출물은 색도에서 'a'와 'b'값이 높아 적갈색을 나타냈고 카테킨(EC, EGCG)과 비타민 C함량은 일반 녹차에 비해 낮았다. 아미노산에서 가바차는 가바, alanine, lysine, leucine, isoleucine이 높은 반면, glutamic acid, aspartic acid, phenylalanine 함량은 일반녹차에 비해 낮았다.

(2) 가바와 체중 관련 호르몬

가바차는 체중감량에 효과가 있다는 사실이 보고되고 있다. 인체에서 성장호르몬(HGH, human growth hormone) 함량이 높을 때 비만이 억제되는데, 가바는 뇌하수체를 자극해 HGH 수치를 증가시켜 체중을 감소시키는 것으로 알려져 있다.

위장속이 비었을 때 그렐린 호르몬이 분비되는데, 이 호르몬이 뇌에 공복사실을 알려 시장기를 느낀다는 사실도 보고되고 있다. 따라서 식사를 자주 조금씩 해 주면 이 이 호르몬의 발생이 억제되기 때문에 비만억제에 효과가 있다. 한편, 지방세포에서 분비되는 렙틴호르몬은 포만감을 느끼게 하여 식욕을 감소시키는 것으로 알려져 있다.

(3) 가바차의 동물에서 체중감량 효과

가바는 뇌 신경 흥분상태를 안정화함으로써 혈압상승에서 오는 뇌졸중(stroke)과 심장병(heart attack)을 예방한다.

실제로, 개발한 가바차를 동물(쥐)에 식이하였을 때 체중은 고지방 식이쥐 보다는 현저히 낮았고 녹차 식이쥐 보다는 15% 정도 낮은 경향을 나타냈다. 복부지방함량도 고지방 식이 쥐에 비해 현저히 감소하는 경향을 나타냈다. 혈관에서 지방을 산화하는 저밀도 콜레스트롤(LDL) 함량도 고지방 식이 쥐에 비해 현저히 감소하는 것으로 나타났다. 가바차는 지방세포 형성 억제 효과도 높아 지방세포 생성도 억제시키는 것으로 나타났다.

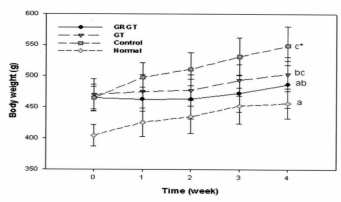

그림 IV-12. 가바차의 식이 동물에서 체중 변화
(GRGT=가바차, GT=녹차, control=고지방 식이 사료, Normal=일반사료)

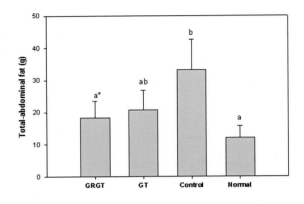

그림 IV-13. 가바차의 식이 동물에서 복부지방 함량 변화
(GRGT=가바차, GT=녹차, control=고지방 식이 사료, Normal=일반사료)

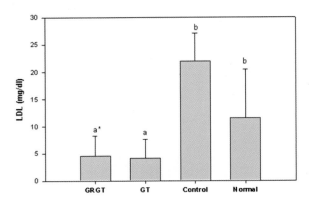

그림 IV-14. 가바차의 식이 동물에서 혈청 LDL 함량 변화
(GRGT=가바차, GT=녹차, control=고지방 식이 사료, Normal=일반사료)

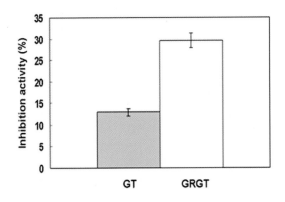

그림 IV-15. 가바차의 식이 동물에서 지방세포 활성억제 효과
(GRGT=가바차, GT=녹차)

카테킨	시료 (mg%)	
	가바차	녹차
EGC	31.0±1.7	39.0±5.0
C	19.9±6.9	11.4±1.2
EC	21.3±3.5	24.9±12.1
EGCG	114.0±3.5	95.7±7.4
ECG	33.0±1.5	28.6±2.5

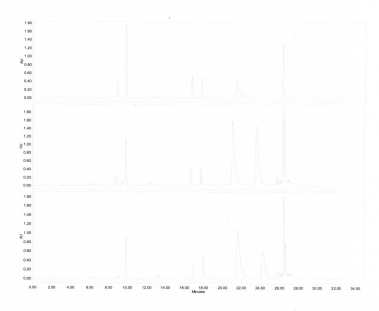

그림 Ⅳ-16. 카테킨 표준물질(상), 녹차(중앙)와 가바차의 카테킨의 HPLC 크로마토그라피

(4) 가바차의 사람에서 체중 감량 효과

가바차 음료를 4주간(1일 3캔, 275 mL) 음용한 지방함량 변화를 측정한 결과, 내장지방은 녹차 를 음용할 때 -0.11 kg, 가바차를 음용할 때 -0.07 kg으로 큰 차이가 없었으며 피하지방도 -0.26 kg과 -0.16 kg으로 큰 차이를 발견할 수 없었다. 반면, 내장지방 면적은 녹차음용시 -6 cm^2, 가바차 음용시 -18 cm^{2}으로 가바차 음용시 작아지는 경향을 나타냈다.

가바차 사람에서 콜레스트롤함량변화에서, 가바차 음용에 의해 총콜레스트롤, 초저밀도 콜레스트롤(VLDL), 저밀도콜레스트롤(LDL)함량이 감소하는 경향이 나타났다. 또한, 가바차 음용에 의해 고밀도 콜레스트롤(HDL)함량은 감소하였고, 중성지방인 triglyceride(중성지방) 함량은 증가되었다. 가바차 음용 시 사람의 혈청내 콜레스트롤함량은 일관성을 확인하기 쉽지 않았는 데, 이는 식생활, 유전적소질, 체질, 생활환경 등 차이 때문으로 사료된다.

가바차를 음용한 사람의 혈압은, 최고혈압이 127.1, 128.6 mmHg, 최저혈압이 78.6, 74.3 mgHg로 나타나 가바차 음용이 혈압강하에 다소 효과가 있는 것으로 나타났다.

일본, 대만에서는 가바차가 상품화되어 유통되고 있다. 곡류인 현미도 물속에 담가 두면 혐기 상태가 유지되어 가바가 형성되는데, 이것을 발아현미라 한다. 국내에서 가바차에 대한 산업체의 관심은 매우 높다. 제다 현장에서 혐기처리가 가능한 드럼통이나 용기를 제다 공정에 추가해서 가바차를 생산한다면 기능성차로서 소비량과 함께 부가가치를 높일 수 있을 것으로 사료된다.

표 IV-9. 가바차를 음용한 사람의 지방함량 변화

구분(주)	녹차 음용			가바차 음용		
	0 week	2 weeks	4 weeks	0 week	2 weeks	4 weeks
내장지방량 Visceral fat(kg)	3.48±1.70	3.37±1.64	3.37±1.64	3.00±0.70	2.93±0.56	2.93±0.62
피하지방량 Hypodermic fat(kg)	17.23±5.94	15.87±2.00	16.97±6.09	16.02±2.48	15.87±2.00	15.86±2.33
Visceral fat/ Hypodermic fat	0.185±0.02	0.183±0.03	0.138±0.01	0.193±0.03	0.189±0.03	0.189±0.03
Visceral fat level	14.0±2.4	13.0±2.5	13.0±2.9	13.0±1.4	13.0±1.4	13.0±1.4
Visceral fat area (VFA[cm^2])	150.0±46.7	147.0±46.3	144.0±44.9	135.0±19.5	133.0±18.4	117.0±22.4
waist/hip ratio(WHR)	0.97±0.0	0.97±0.1	0.96±0.1	0.95±0.0	0.95±0.0	0.95±0.0

표 IV-10. 가바차를 음용한 사람의 혈청 콜레스테롤 함량 변화

Group(wk)	녹차 음용			가바차 음용		
	0 week	2 weeks	4 weeks	0 week	2 weeks	4 weeks
총콜레스트롤 Total-cholesterol(mg/dl)	135.14±38.15[1)2)]	118.43±36.92	122.71±31.97	153.14±43.79	138.14±10.64	137.43±24.21
초저밀도콜레스트롤 VLDL-cholesterol(mg/dl)	22.00±20.98	19.43±18.02	21.29±20.98	29.86±20.61	25.71±21.39	27.14±12.43
저밀도콜레스트롤 LDL-cholesterol(mg/dl)	69.46±24.57	45.77±22.64	31.20±28.11	65.66±48.11	45.82±23.50	59.11±38.65
고밀도콜레스트롤 HDL-cholesterol(mg/dl)	44.29±8.03	53.57±8.3	67.29±21.57	57.71±27.08	66.71±29.56	51.00±23.92
중성지방 Triglyceride(mg/dl)	109.86±104.33	95.43±96.26	121.14±99.95	148.86±103.67	128.00±106.49	136.57±62.34
HTR[3)]	0.35±0.10	0.49±0.16	0.58±0.23	0.44±0.28	0.48±0.20	0.38±0.16
AI[4)]	2.14±0.98	1.24±0.69	0.97±0.72	2.22±1.79	1.47±1.16	2.09±1.23
T-Chol/HDL-Chol ratio[5)]	3.14±0.98	2.24±0.69	1.97±0.73	3.22±1.79	2.47±1.17	3.10±1.23
AIP[6)]	0.48±0.13	0.33±0.14	0.27±0.17	0.44±0.28	0.35±0.20	0.46±0.18

1) Mean ±SD
2) NS : Not significant at p<0.05
3) HTR: [HDL-cholesterol]/[Total cholesterol]
4) AI (atherogenic index) : {[Total cholesterol]-[HDL- choresterol]}/[HDL-choresterol]
5) Total-cholesterol/HDL-cholesterol
6) AIP(atherogenic indes of plasma) : AIP=log10(TG/HDL-C)

표 IV-11. 가바차를 음용한 사람에서의 혈압강화 효과

Group(wk)	녹차 음용			가바차 음용		
	0 week	2 weeks	4 weeks	0 week	2 weeks	4 weeks
수축기혈압 (mmHg)	127.6±12.5	121.3±10.4	127.1±1	135.6±17.9	128.1±17.9	128.6±10.7
이완기혈압 (mmHg)	87.4±5.9	74.3±5.3	78.6±6.9	95.0±16.6	81.0±13.6	74.3±11.3

3. 저 카페인 차

1) 카페인의 효능

카페인은 차, 커피, 초코렛, 콜라 등에 함유된 알카로이드 일종으로 고미(쓴맛, bitterness) 맛을 나타내고, 중추신경계에 작용하여 정신을 각성시키고 피로를 줄이는 효과가 있으나 이뇨효과와 함께 장기간 다량을 복용할 경우 중독된다.

카페인 과다 섭취시(중독), 중추신경 이상으로 두통, 짜증, 흥분 현상이 나타나고 신경이 이완된다. 또, 호흡이 빨라지고, 열이 나며, 시야가 흐려지고 귀에서 소리(이명)가 들리기도 한다. 이러한 중독증상 때문에 사람에 따라 다소 차이는 있으나 유럽에서 1일 권장량은 카페인 300 mg으로 녹차 10잔, 커피 3잔 분량이다.

2) 저카페인 차

가장 널리 사용되고 있는 카페인 제거방법은 찻잎을 채엽해서 100℃ 물에 (1:20=찻잎: 물) 3분간 침지하는 열탕제거법이다. 이 경우 카페인은 24.47 mg에서 4.0~5.9 mg/g, 약 83% 카페인이 제거되는 대신 카테킨은 126.1~127.6 mg/g으로 95% 내외가 남아 별다른 영양소 손실은 없다. 화학약품(ethyl acetate, methylene chloride)인 유기용매 처리시 카페인 추출은 잘 되나 영양소와 유효성분 중 약 60% 내외가 소실되는 문제점이 있다. 또, 유기용매를 이용해서 카페인을 추출시 인체에 유해한 물질이 차에 잔류할 수 있는 문제점도 있다. 이러한 유기용매는 두통, 현기증, 피부발진과 같은 부작용을 일으킨다. 찻잎을 열탕에서 전처리한 다음 증제차나 덖음차로 제다해서 차를 제조하면 저 카페인차가 된다.

다양한 저카인차가 상품화되어 유통되고 있는데, 이 차에 카페인이 전혀 없는 것이 아니고 일반 차 대비 2~4% 내외의 카페인을 함유하고 있다. 유럽의 경우, 저카페인차 (decaffeinated tea)는 카페인 함량이 일반 차의 2.5% 이하이어야만 하기 때문에 이런 경우 컵당 2 mg 이하의 카페인을 함유하게 된다.

표 IV-12. 카페인 제거를 위한 온탕처리 조건

처리	물 온도(℃)	처리 시간(분)	비율(찻잎/물 중량)
1	50	1	1/20
2	50	3	1/15
3	50	5	1/10
4	75	1	1/15
5	75	3	1/10
6	75	5	1/20
7	100	1	1/10
8	100	3	1/20
9	100	5	1/15

표 IV-13. 찻잎 온탕처리에 따른 카페인과 카테킨함량 변화

처리	카페인 함량 (mg/g)	카테킨함량(mg/g)								합계
		GC	EGC	C	EC	EGCG	GCG	ECG	CG	
1	24.4	8.9	34.4	2.1	2.7	68.9	0.6	11.2	0	128.8
2	23.8	7.3	30.6	1.9	2.3	64.6	0.6	10.4	0.1	117.8
3	22.9	6.6	31.3	1.4	2.6	63.5	0.7	10.3	0.1	116.5
4	21.0	5.9	37.4	2.1	2.9	69.3	0.9	11.4	0.1	130.0
5	20.4	5.4	37.0	1.7	2.7	69.8	1.1	11.0	0.1	128.8
6	16.6	5.3	34.9	1.2	5.2	70.7	1.5	11.5	0.1	130.4
7	11.8	8.2	34.9	1.7	5.4	74.0	1.6	11.0	0.1	136.9
8	4.0	5.1	32.9	1.4	4.9	71.1	2.0	10.0	0.2	127.6
9	5.9	5.3	32.0	1.0	4.8	70.6	2.0	10.2	0.2	126.1

차에서 발효기간이 길면 카페인 함량은 증가한다. 따라서, 녹차, 오룡차, 홍차 순으로 카페인 함량이 높다. 녹차에서 카페인함량은 찻잎이 어릴수록 많은데 어린눈(정아)은 6.3%, 첫 번째 잎 4.6%, 2번째 잎 3.6%, 3번째 잎 3.1%, 4번째 잎 2.7%, 엽맥 2.0% 의 순서이다. 허브차(herb tea)로 알려진 루이보스차에는 카페인이 없다.

4. 비파차

1) 비파

비파 (*Eriobotrya japonica* Lindley)는 중국원산으로 3,000년전부터 재배 된 것으로 알려져 있다. 비파 과실은 중국 상고시대부터 널리 이용된 비파라는 현악기와 모양이 비슷하며 AC 70년 전 일본에 도입된 이후 '무목'과 '전중'품종이 육성되면서 산업화되었다. 우리나라에는 1901년 일본에서 도입되어 정원수와 가로수로 이용되어 왔다. 최근, 비파의 과실과 잎에 영양소와 기능성이 우수하다는 사실이 알려지고 완도군이 지역특산 과실로 육성하면서 완도에 85ha, 장흥, 남해, 제주도 등에 100ha 내외가 재배되고 있다. 비파는 수확기가 과실중 가장 빠르고, 맛과 영양소가 우수(당, 케로틴, 비타민 A, B, C, 유기산)하며, 유기농 또는 무농약 재배가 가능해 과실류 중 높은 값에 유통되고(14,800원/300 g 팩)되고 있다.

비파는 상록과수로 잎에는 트리테르펜 생리활성물질이 함유되어 있어, 한방과 민간에서는 항염증과 항천식 소재로 활용되어오고 있다.

중국 중약대사전, 본초강목, 중경초약, 복건중초약, 민동본초에서 비파 열매, 잎, 뿌리는 지라, 폐, 간을 맑게 하고 기를 강화하며, 가래해소, 통증 완화, 토혈, 전염성 간염, 관절통 예방, 어혈방지에 효과가 있는 것으로 보고되고 있다. 우리나라 민간요법에서 비파 추출물과 과실 엑기스를 식용하거나 환부에 도포, 훈증시 염증과 알레르기 예방, 폐암과 종양예방 효과가 보고되고 있다.

비파 잎은 불교국가에서 3,000년 전부터 병(진해제, 항염증, 거담제, 진통제, 호흡기계통 질환, 여성병, 피부질환)의 예방과 치료에 사용되어 왔다. 한편 중국, 홍콩에서는 비파 잎 추출물을 기침억제 시럽으로 상품화(syrup, loquat paste)하여 노약자와 어린이 천식예방에 활용하고 있는데 비파 잎에는 항천식물질인 트리테르펜화합물 울소닉산(ursolic acid), 마슬릭산(maslinic acid), 코르소닉산(corosolic acid), 올레놀산(oleanolic acid), 토맨틱산(tormentic acid)이 많이 함유되어 있기 때문이다.

비파의 종실에는 아미그달린(amygdalin), B 17(laterile, nitrilosides)이 함유(2.5%)되어 있어 중국에서는 3,500년 전부터 항암제로 활용되어 왔다. 유럽 다국적기업인 Cyto Pharma에서 이 성분을 활용, 기능성 식품을 개발해서 상품화했는데, 100 mg/일 섭취시 항종양 효과가 있는 것으로 알려져 있다.

세계적으로 생리활성물질을 이용한 기능성식품이 산업화되고 있는데 시장규모에서, 항루게릭제인 Vinblastine은 US $2,000,000/kg, 항암효과가 있는 Taxol은 $600,000/kg, 항고혈압제인 Ajmalicine은 $37,000/kg 등 고가에 유통되고 있어 비파를 이용한 의약품 소재 개발 시 비파의 부가가치를 크게 증대 시킬 수 있다.

2) 비파 잎의 주요영양소

비파 잎의 주요성분은 수분 49.2~50.4%, 전분은 2.30~2.38%, 환원당 1.22~1.44%, 조단백질 5.10~5.40%, 지방 3.30~3.41%, 회분 5.24~5.56%로 품종간 큰 차이를 나타내지 않는 경향을 나타냈다. 특히, 잎내 수분함량이 50% 내외인 상록과수로 겨울철 동해에 강하다.

잎 트리테르펜함량(표 Ⅳ-15)은 모든 잎에서 토맨틱산, 코르솔릭산, 울소닉산, 마슬릭산, 올레놀산이 함유되어 있으며, 이들 중 토맨틱산이 가장 많다. 품종별로는 16.90~21.04 mg으로 재래종이 높다.

아미그다린 함량은 비파의 품종 중에서 무목과 미황품종에서, 엽록소함량은 전중과 미황품종에서 높은 경향을 나타냈다. 총폴리페놀함량은 3.30~3.50 mg으로 품종간 차이가 없었다.

최근 잎 수요량이 증가하면서 잎 가격이 2~3만원/kg로 잎 생산을 위한 신규과수원이 조성되고 있다. 잎 생산과 함께 우수한 품질의 과실 생산을 위해서는 무목, 전중, 미황과 같은 품종을 식재하는 것이 바람직하다. 한편, 재배지역 토양이 척박하거나 친환경재배를 하는 경우는 야생종 실생을 재배하기도 한다.

표 Ⅳ-14. 비파 품종별 잎 주요 성분(%/생체중)

품종	수분	전분	환원당	조단백질	지방	회분
야생종	50.4±2.2	2.35±0.2	1.30±0.3	5.10±0.4	3.30±0.2	5.41±0.5
무목	49.8±1.6	2.30±0.1	1.40±0.3	5.23±0.3	3.40±0.3	5.56±0.5
전중	49.2±1.0	2.36±0.2	1.44±0.4	5.31±0.5	3.41±0.3	5.40±0.5
미황	50.2±2.0	2.38±0.1	1.22±0.4	5.40±0.5	3.34±0.2	5.24±0.4

표 IV-15. 비파 품종별 잎 트리테르펜 함량 (mg/건물중 g)

품종	토맨틱산 (tormentic acid)	코로솔릭산 (corosolic acid)	울소닉산 (ursolic acid)	마슬릭산 (maslinic acid)	올레놀산 (oleanolic acid)	합계
야생종	10.80	4.29	0.93	3.28	1.74	21.04[az]
무목	8.02	4.58	0.75	3.56	1.34	18.25[a]
전중	8.28	4.51	0.67	2.43	1.52	17.41[b]
미황	7.80	4.40	0.50	2.40	1.80	16.90[b]

[z]95% 던컨 다중 검정

표 IV-16. 비파 품종별 잎 아미그달린, 엽록소 및 총폴리페놀함량(mg/건물중 g)

품종	아미그달린 (amygdalin)	엽록소함량	총폴리페놀함량
야생종	1.60±0.06[bz]	4.01±0.40[c]	3.35±0.40[a]
무목	1.84±0.08[a]	4.58±0.40[b]	3.30±0.20[a]
전중	1.62±0.06[b]	4.73±0.45[ab]	3.40±0.25[a]
미황	1.94±0.10[a]	5.34±0.40[a]	3.50±0.40[a]

[z]95% 던컨 다중 검정

3) 비파차 제다와 제조

(1) 덖음차 제다

비파 덖음차 제다공정을 달리해서 관능평가(맛)를 한 결과, 맛은 3.50~4.28 수준으로 제다공정에 따라 차이를 나타냈으며 일광조건에서 4시간 위조한 다음 잎 절단(세절), 덖음, 유념, 숙성, 건조, 포장 공정을 거친 제다 공정 라(표 IV-17)로 제조하였을 때 맛이 가장 좋은 것으로 나타냈다. 또한, 차의 맛은 덖음, 유념, 숙성조건에 따라 크게 영행을 받으므로 이러한 공정을 진행할 때 색상, 외관, 맛을 점검하면서 제다하는 것이 좋다.

표 Ⅳ-17. 비파 덖음차에서 제다 공정별 맛 변화

제다 공정[Z]	관능평가[y]				
	쓴맛	떫은맛	단맛	향	종합 기호도
공정 가	3.40±0.20	3.80±0.20	3.50±0.15	3.30±0.10	3.50±0.15
공정 나	3.90±0.20	4.00±0.20	3.80±0.10	4.00±0.20	4.08±0.10
공정 다	4.00±0.20	3.90±0.20	3.70±0.20	3.70±0.10	3.83±0.20
공정 라	4.20±0.15	3.40±0.20	4.30±0.20	4.20±0.20	4.28±0.20

[Z]가: 채엽 → 실내위조(12시간) → 선별 → 절단(1cm) → 1차 덖음 (220℃, 3분) → 유념(1분) → 2차 덖음(170℃, 10분) → 건조(80℃, 1시간) → 포장
나: 채엽 → 선별 → 절단(1cm) → 1차 덖음 (220℃, 3분) → 유념(1분) → 2차 덖음(170℃, 10분) → 숙성(40℃, 80% 상대습도, 2시간) → 건조(80℃, 1시간) → 포장
다: 채엽 → 실내위조 → 선별 → 절단(1cm) → 1차 덖음 (220℃, 5분) → 유념(1분) → 2차 덖음(170℃, 10분) → 건조(80℃, 1시간) → 포장
라: 채엽 → 선별과 일광예조(4시간) → 절단(1cm) → 1차 덖음 (220℃, 5분) → 유념기 → 유념(1분) → 2차 덖음 (170℃, 10분) → 숙성(40℃, 80% 상대습도, 4시간) → 건조(80℃, 1시간) 포장
[y]1=매우 나쁨, 2=나쁨, 3=보통, 4=좋음, 5= 매우 좋음

(2) 증제차 제다

비파 증제차 제다시 제다공정(채엽, 실내위조, 증제, 유념, 숙성조건)을 달리해서 차를 제다한 다음 관능평가하였다. 그 결과(표 Ⅳ-18), 맛은 공정 라에서 4.40으로 우수하게 평가되었다. 증제차는 덖음차에 비해 탕색이 선명하면서 맛과 향이 우수하게 나타나 비파차의 산업화를 위해서는 덖음차 제다공정보다 증제차 제다공정이 더 경제적이다.

표 Ⅳ-18. 비파 증제차에서 제다 공정별 맛 변화

제다 공정[Z]	관능평가[Z]				
	쓴맛	떫은맛	단맛	향	종합 기호도
공정 가	4.00±0.10	3.80±0.10	3.60±0.10	3.80±0.10	3.80±0.10
공정 나	3.90±0.20	4.10±0.20	4.00±0.10	4.00±0.20	4.00±0.10
공정 다	4.30±0.20	4.10±0.20	4.50±0.20	4.30±0.10	4.30±0.20
공정 라	4.30±0.15	4.50±0.20	4.50±0.20	4.30±0.20	4.40±0.20

[Z]가: 채엽 → 선별 → 절단(1cm) → 증제 (100℃, 5분) → 건조(80℃, 1시간) → 포장
나: 채엽 → 선별 → 절단(1cm) → 증제 (100℃, 5분) → 유념(5분) → 숙성(90% 상대습도, 2시간) → 건조(80℃, 1시간) → 포장
다: 채엽 실내위조(하룻밤)와 선별 → 절단(1cm) → 증제 (100℃, 5분) → 유념(5분) → 숙성(90% 상대습도, 4시간) → 건조(80℃, 1시간) → 포장
라: 채엽 → 실내위조(하룻밤)와 선별 → 절단(1cm) → 증제 (100℃, 5분) → 실내 위조(4시간) → 유념(5분) → 숙성(90% 상대습도, 4시간) → 건조(80℃, 1시간) → 포장
[y]1=매우 나쁨, 2=나쁨, 3=보통, 4=좋음, 5= 매우 좋음.

(3) 제다공장에서 비파차 대량 제다 공정

비파차의 산업화를 위해 제다공장에서 차를 대량 제다하였다. 비파 잎을 채엽하여 하룻밤 실내에서 위조시킨 다음 제다라인에 덤핑하였다. 선별과 함께 컨베이어 벨트를 이용하여 이동시킨 다음 기계로 절단해서 고압스팀으로 증제(2분)하였다. 증제된 잎은 25분간 조유(통에서 흔들어 주면서 상처유기)되는데 이때 미세한 털과 가루입자가 바닥으로 떨어진다. 증제된 잎은 컨베이어를 이동하면서 냉각된다. 잎에 붙어 있는 털은 이동 충격으로 대기중으로 비산되기도 하고 한곳으로 모아진다.

유념기에서 유념(5분), 중유 20분(털기작업), 재건 15분(털어주면서 이물질 제거), 건조 35분(80℃), 상온 숙성 5일, 가향처리 3시간(80℃) 등의 공정을 통해 비파차를 제다하였다. 비파차 회수율은 생체중 대비 30% 였다.

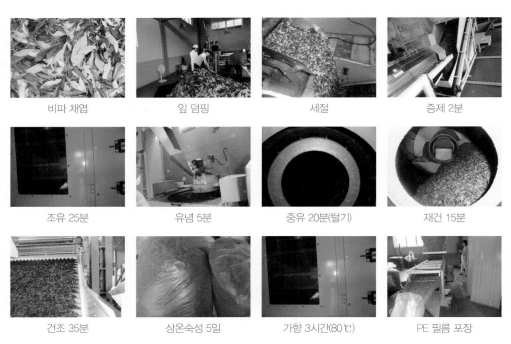

비파 채엽	잎 덤핑	세절	증제 2분
조유 25분	유념 5분	중유 20분(털기)	재건 15분
건조 35분	상온숙성 5일	가향 3시간(80℃)	PE 필름 포장

그림 Ⅳ-17. 제다장에서 비파 증제차 대량 제다공정

(4) 비파와 찻잎 브랜딩 병(떡)차

최근 차 기호도는 소비층에 따라 다양한데, 차 소재를 상호 적당히 혼합한 브랜딩차에 대한 관심이 높아지고 있다. 비파 잎에는 트리테르펜, 아미그달린, 페놀화합물이 함유되어 있어 폐를 맑게 하고, 항천식과 항염증 효과가 있다. 녹차는 카테킨이 풍부하다. 따라서, 비파차와 녹차를 혼합하여 떡차로 개발함으로써 소비자들의 다양한 차 수요에 대응해 소비량을 증대시킬 수 있을 것이다.

녹차는 찌고 분쇄할 경우 접성이 좋아 떡차 제조시 성형(형상)이 잘되나, 비파 잎은 조직이 거칠고 접성이 약해 떡차를 제조하기 힘들다. 이러한 문제점을 해결하기 위해 녹차와 브랜딩을 하는데, 비파 잎과 녹차 잎 비율을 9:1, 8:2, 7:3, 6:4로 브랜딩해서 맛을 평가하였다.

녹차의 비율이 증가할수록 녹차 맛은 강하게 나타났으나, 비파차가 갖고 있는 향과 맛, 탕색은 발현되지 않아 비파차의 맛과 탕색(연한 갈색)을 살리는 가장 좋은 혼합비율은 8:2(비파차:녹차)로 나타났다.

비파 브랜딩떡차 제조공정은 청태전 제조공정과 유사하다. 채엽과 선별, 일광위조, 비파와 찻잎 혼합, 증제통에서 3분간 증제, 선별, 분쇄기에서 분쇄, 점성 증대를 위한 반죽, 저울에서 25 g 정량, 물푸레나무 성형도구에서 성형, 통풍이 잘되는 상온에서 1일간 예건, 대나무 바늘로 펀칭, 70℃ 건조기에서 2일간 완전 건조, 한지로 병차를 포장한 다음 항아리에서 숙성, 나무상자에 8개씩 포장하여 완성한다.

표 IV-19. 비파 브랜딩 떡차의 관능평가 비교

구분	비율(%)	관능평가[Z]				
		쓴맛	떫은맛	단맛	향	종합 기호도
녹차:비파잎	90:10	4.20±0.20	4.00±0.20	4.10±0.20	4.10±0.20	4.10±0.20
	80:20	4.20±0.20	4.30±0.20	4.30±0.20	4.20±0.20	4.25±0.20
	70:30	4.10±0.10	4.20±0.10	4.40±0.20	4.10±0.20	4.20±0.15
	60:40	4.30±0.10	4.25±0.10	4.40±0.10	4.25±0.10	4.30±0.10

[Z]1=매우 나쁨, 2=나쁨, 3=보통, 4=좋음, 5= 매우 좋음

(5) 비파차 추출물 음료

비파차 음용 편리성과 함께 대량소비를 위해 추출물 음료를 제조하였다. 음료제조 공장에서 비파찻잎 추출은 1.5 g/100 mL 기준, 80℃에서 1시간동안 추출하였고 수돗물 대신 지하수를 이용시 pH가 낮아 갈색의 차가 추출되었다. 추출공정은, 잎 채엽 → 증제차 제다 → 차 추출 → 소금과 비타민 C 첨가 → 첨가물 배합 → 고온살균 → 여과 (1μm) → 공병살균 → 병 주입 → 두껑 살균 → 냉각 → 레벨부착 → 상자포장 → 펠렛 적재다. 이 음료는 옥수수 수염차 형태로 색소나 방부제 첨가 없이 친환경적으로 가공하였다. 완도 해조류박람회 공식 음료로 사용되었고, 해수욕장과 관광객이 많은 완도지역에서 생산되어 유통되고 있다.

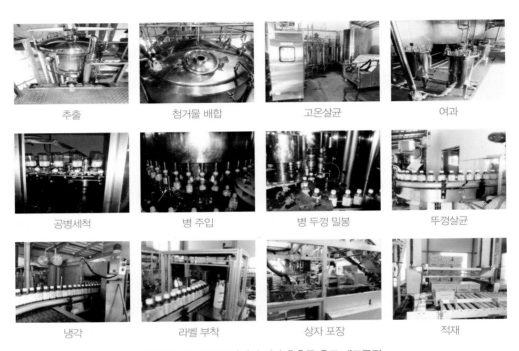

추출	첨거물 배합	고온살균	여과
공병세척	병 주입	병 두껑 밀봉	뚜껑살균
냉각	라벨 부착	상자 포장	적재

그림 IV-18. 가공공장에서 비파 추출물 음료 제조공정

비파차 추출물 음료의 주요 영양소는 열량 0 cal, 탄수화물 0 g, 당류 0 g, 단백질 0 g, 지방, 포화지방과 트랜스지방은 함유되어 있지 않고 나트륨은 7 mg 함유되어 있었다. 비파 추출물음료는 인공색소와 방부제를 첨가하지 않더라도 색상이 황갈색이면서 단맛이 없는 반면, 향이 있는 것으로 평가되었다.

4) 비파차의 기능성(항천식)

천식유도(OVA)된 동물 폐조직에서 혈구속의 염증관련 세포를 관찰한 결과, 잎 추출물 투여군에서는 농도의존적으로 염증 세포의 수가 유의하게 감소되었다. 이러한 결과는 Diff-quik 염색 kit를 이용한 세포관찰에 있어서도 동일한 결과가 나타났다.

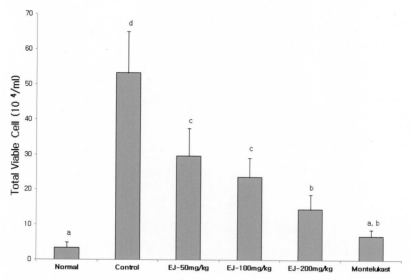

그림 IV-19. 천식유도(OVA) 동물의 폐포 세척액중의 염증세포수에서 잎 추출물의 효과

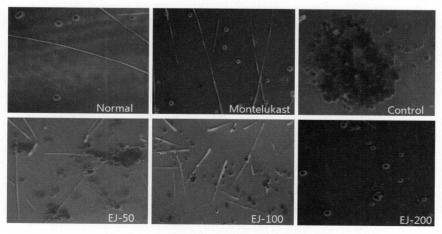

그림 IV-20. 염색(BALF의 Diff-quik)에서 염증세포 반응

또한 NO 생성량은 잎 추출물 투여군에 있어서 농도의존적으로 억제되어, EJ 50 mg/kg 투여군에서는 약 20%, EJ 100 mg/kg 에서는 40%, EJ 200 mg/kg 투여군에서는 56%의 억제 효과가 나타났다.

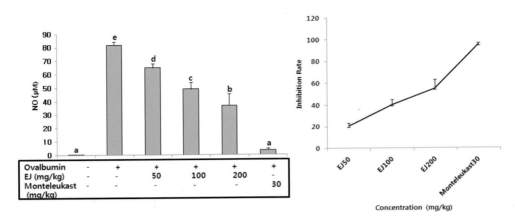

그림 IV-21. 천식유발 동물 폐포세척액의 NO(일산화질소) 생성량

폐포액내의 내인성 산화 유도 효소인 EPO(조직단백질 및 지질을 산화시켜 염증을 유도하는 효소)활성은, OVA유도 대조군은 정상군에 비해 높은 함량을 나타냈으나 EJ 투여군은 대조군에 비해 유의하게 감소하였다.

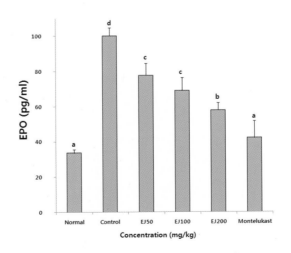

그림 IV-22. 폐포세척액내의 EPO(염증유발 효소)의 함량

5. 연잎차

1) 연의 특성

연(*Nelumbo nucifera Gaertn*)은 못이나 늪에 생육하는 연과에 속하는 다년생 수생식물로, 연중 수확이 가능하며 잎, 꽃, 연근, 종실은 식용 및 약용과 함께 관상용으로 가치가 높다. 우리나라와 일본은 불교문화와 함께 고려시대 (710년경) 중국으로부터 전파된 것으로 추정되고 있다. 5세기경 인도 불교탄생과 동시에 불교를 상징하는 꽃으로 지정되면서 절경내 연못에 심겨졌고 불교문화와 함께 연의 재배가 동양권을 중심으로 확대 되었다. 연은 더러운 곳에 심겨져 있더라도 항상 청정한 꽃을 피우는(處染常淨) 신비한 식물로서 불교, 사찰 장식은 대부분 연과 관련이 깊다.

연은 한방에서 진정작용(스트레스, 우울증), 면역증진, 지혈작용(위궤양, 위염 완화)과 니코틴제거 효과가 높은 것으로 알려져 있고, 최근에는 항비만, 항 동맥경화, 항 아토피, 뇌기능 개선 등의 기능성 효과도 보고되고 있다.

최근, 수입자유화와 함께 FTA 체결로 쌀 재배 농가의 소득이 감소하고 있는데, 연은 쌀 대체 작목으로 농림수산식품부에서 권장하고 있다. 하천, 늪이나 습지에 연을 식재함으로써 광합성을 통해 대기 중 이산화탄소 감소와 함께 수질정화 능력도 우수해 향후 저탄소 녹색성장에도 크게 기여할 것으로 사료된다. 현재, 무안, 함평, 상주, 함양, 청양, 시흥, 강화 등 많은 지자체에서 연 산업축제와 함께 지역특화작목으로 육성 하고 있고, 이러한 산업화 노력은 앞으로 더 많은 지자체로 확대될 예정이다. 현재, 연 재배농가 소득은 2,000천원/10a로 쌀(716천원/10a)보다 3배 높은데, 앞으로 이러한 고소득을 유지하기 위해서는 연 굴취기 개발과 가공, 기능성에 대한 체계적인 연구가 필요하다.

2) 연잎의 주요 영양소

연 부위별 플라보노이드 함량은 연잎 조추출물의 총 플라보노이드 성분함량이 125.61 mg로 연 부위 중 연잎에서 가장 높은 것으로 나타났다.

표 IV-20. 연 부위별 총플라보노이드성분 함량

연 부위	수율 (%)	총 플라보노이드 함량 (mg/추출물 g)
연잎	15.5	125.61±1.14
연수(암술)	12.4	50.29±0.78
연자육(종자)	12.0	82.93±0.34
연심(배아)	35.3	18.91±0.56
연근	17.3	8.45±0.09

수율: 각각의 생시료 300g에서 에탄올 추출물의 퍼센트

연 부위별 추출물 의 총폴리페놀 함량은 연잎이 177.71 mg으로 가장 높은 것으로 나타났다.

표 IV-21. 연 부위별 페놀성분의 함량

연 부위	수율 (%)	총 페놀성 성분 함량 (mg/g 추출물)
연잎	15.5	177.71±1.23
연수	12.4	83.39±0.52
연자육	12.0	92.65±0.72
연심	35.3	41.00±0.20
연근	17.3	21.61±0.35

수율: 각각의 생시료 300g에서 에탄올 추출물의 퍼센트

3) 연잎 채엽기

백련 잎 채엽시기와 건조온도에 따른 주요 특성 변화에서, 50℃ 건조기를 이용하면 1~2일에 건조되는 경향을 보였다. 중량 감소율은 채엽기에 따라 73.23~83.56%로 채엽기가 늦을수록 다소 높아져 10월 15일에 채취할 때 83.56%로 가장 높았다. 클로로필함량은 30.51~33.12 mg로 8월 15일 채엽한 잎에서 33.12 mg으로 가장 높았고, 비타민 C 함량은 채엽 초기 다소 낮아졌다가 채엽중기에 다소 높은 경향을 나타냈다. 전페놀함량은

25.18~29.17 mg 수준을 나타냈는데 채엽기에 따라 별다른 차이가 없었다. 무기물함량에서 K는 채엽기가 늦을수록 다소 감소하는 경향을 나타냈으나, Ca, P와 Mg은 다소 증가하는 경향을 나타냈다. 잎에서 22종의 아미노산함량이 검출되었는데, 주요 아미노산은 serine, argine, aspartic acid, glutamic acid였고, 이들 함량은 156.13~191.19 mg로 채엽기가 늦어짐에 따라 다소 증가하는 경향을 나타냈다. 연잎 채엽시기에 따른 주요특성과 영양소를 종합해서 판단한 결과 최적 채엽기는 8월 15일로 나타났다.

8월 15일 채엽한 잎을 건조기에 넣고 건조온도별 중량감소율을 살펴본 결과, 건조되는 온도에 따라 78.87~90.59%로 온도가 높을수록 중량감소율이 높았다. 건조 기간은 온도가 높을수록 짧았는데, 20℃와 30℃에서는 건조에 소요되는 기간이 길면서 중량감소율이 낮았다.

클로로필함량은 25.5~34.10 mg로 온도에 따라 심한 차이를 나타냈는데, 특히 70℃에서 낮았다. 비타민 C는 19.17~14.35 mg로 건조온도가 높을수록 감소하였는데, 특히 60℃와 70℃에서 현저히 감소하였고, 전페놀함량은 27.18~30.77 mg로 온도 증가와 함께 다소 증가하는 경향을 보였다. 무기물함량은 온도에 따라 별다른 차이가 없었으나, 아미노산함량은 156.32~186.27 mg로 온도가 높을수록 높았는데, 특히 60℃와 70℃에서 높은 경향을 나타냈다. 따라서 건조온도별 연잎 외관과 주요영양소를 기준으로 보았을 때, 최적건조 온도는 50℃로 판단되었다.

연잎 건조 전 살청(열탕) 처리 효과를 보기위해 100℃에서 3분간 열탕처리한 다음 건조해서 색도, 색소와 무기물함량을 조사하였다. 색도, 클로로필, 무기물함량은 차이를 나타내지 않으면서 잎이 질겨지는 경향을 나타냈다. 따라서, 녹차나 시금치에서처럼 살청이나 열탕처리 효과는 기대하기 어려웠다.

4) 동물에서 항비만 기능성

비만 마우스의 연잎 식이섬유 100 mg/kg BW/d 투여군의 체중은 대조군에 비해 4주부터 오히려 증가하였으나 8주에는 대조군의 46.2 g와 유사한 체중인 46.6 g를 나타냈다. 연잎 식이섬유 400 mg/kg BW/d 투여군에서는 대조군에 비교하여 6주부터 감소하는 경향을 보였으며, 8주에는 1.8 g 정도 감소하는 경향만을 나타냈다. 총 지방조직의 함량은 체중의 결과처럼 대조군(1.92±0.08)에 비해 100 mg/kg BW/d 투여군에서 2.03±0.1로 증가하였으나 400 mg/kg BW/d 투여군에서는 감소하는 경향을 나타냈다.

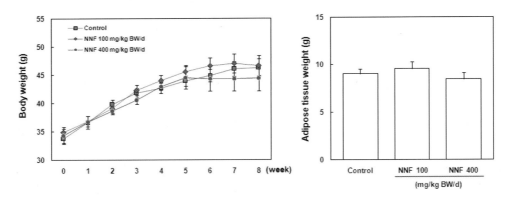

그림 IV-23. 연 식이섬유 동물에서 체중 감량 효과

공복시 혈당은 연잎 식이섬유 100 또는 400 mg/kg 투여 2주(223과 224 mg/dl)부터 6주 (389와 384 mg/dl)까지는 대조군 333과 458 mg/dl에 비해 유의적으로 감소하였다. 그러나 8주에는 대조군 482 mg/dl 비해 연잎 식이섬유 100 또는 400 mg/kg BW/d 투여시 434와 442 mg/dl로 감소하는 경향을 나타냈다. 당화헤모글로빈의 함량은 연잎 식이섬유 100 또는 400 mg/kg BW/d 투여시 대조군에 비해 감소하는 경향을 나타냈다. 혈청 인슐린의 농도는 대조군에 비해 연잎 식이섬유 100 또는 400 mg/kg BW/d 투여시 유의적으로 높게 나타냈다. 따라서 연잎 식이섬유가 db/db 비만 마우스에서 혈청 인슐린 농도를 높여 혈당과 당화헤모글로빈의 수치를 낮추며, 이는 연잎 식이섬유가 인슐린 저항성을 보상하기 위한 인슐린 분비 증가에 기인하는 것으로 사료된다.

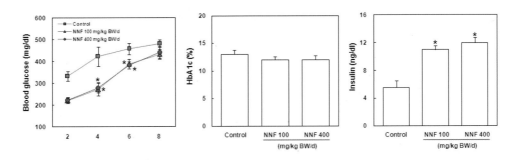

그림 IV-24. 연잎 식이섬유 동물에서 혈당, 헤모글로빈과 인슐린 함량

연잎 식이섬유 100 또는 400 mg/kg BW/d 투여군은 혈청 콜레스테롤과 중성지방의 수치를 대조군에 비교하여 감소시키는 경향을 나타냈다.

지방조직을 염색한 결과에 따르면 지방세포의 크기가 대조군에 비해 연잎 식이섬유 100 또는 400 mg/kg BW/d 투여에 의해 농도 의존적으로 유의하게 감소하였다(그림 Ⅳ-25). 이는 지방세포 크기가 증가하는 것은 체중증가 때문이며 세포의 크기가 커지면서 인슐린 저항성이 나타나게 된다. 그러나 인슐린은 대조군에 비해 증가하였으나 지방세포 크기는 줄어들어 인슐린이 혈당을 낮추는데 기여하는 것으로 사료된다.

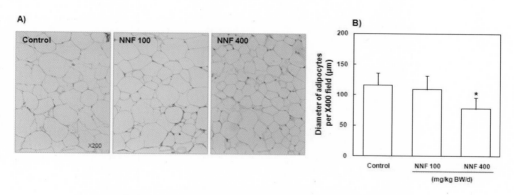

그림 Ⅳ-25. 연잎 식이섬유가 동물에서 지방세포 크기에 미치는 영향

이상 비만 동물 마우스에서의 연잎의 효과를 요약하면, 체중과 총 지방함량, 혈청 중성지방과 콜레스테롤 함량, 혈청 당화헤모글로빈은 연잎 식이섬유 투여에 의해 감소하는 경향만을 나타냈으며, 연잎 식이섬유는 인슐린 분비 증가로 인해 혈당을 조절에 관여하였을 가능성이 높으며, 지방조직은 연잎 식이섬유 투여에 의해 농도 의존적으로 감소하였다.

5) 사람에서 항비만 효과

임상시험 참가자의 신체계측검사 결과, 시험기간 중에 체중, 허리둘레, 엉덩이둘레가 증가하였고 혈압은 감소하였다. 체중, 허리둘레 등 비만지표의 변화는 양 군 간이 차이가 없었고 혈압은 수축기, 이완기 모두 시험군에서 이완기 모두 시험군에서 많이 감소하였다.

표 IV-22. 사람에서 식이섬유 섭취자 체조성검사의 전후 비교

항목	구분	사전 (A)	사후(B)	차이(B-A)
골격근량(kg)	시험군	29.4	29.9	0.4
	대조군	32.4	32.6	0.2
	전체	30.9	31.2	0.3
체지방량(kg)	시험군	24.6	25.5	0.9
	대조군	26.9	27.4	0.5
	전체	25.7	26.4	0.7
BMI (Kg/M^2)	시험군	27.1	27.7	0.7
	대조군	27.1	27.5	0.3
	전체	27.1	27.6	0.5
체지방률(%)	시험군	32.3	32.7	0.4
	대조군	31.7	32.0	0.4
	전체	32.0	32.4	0.4

표 IV-23. 사람에서 식이섬유 섭취자 혈액검사의 전후 비교

항목	구분	사전(A)	사후(B)	차이(B-A)
T.Chol	시험군	184.0	186.3	2.3
	대조군	182.6	187.0	4.4
	전체	183.3	186.6	3.3
HDL-Chol	시험군	52.6	52.0	−0.6
	대조군	53.2	53.7	0.4
	전체	52.9	52.8	−0.1
LDL-Chol	시험군	112.8	116.4	3.6
	대조군	112.7	115.0	2.2
	전체	112.8	115.7	3.0
TG	시험군	104.2	110.2	6.0
	대조군	91.8	117.2	25.4
	전체	98.3	113.5	15.2
FBS	시험군	91.5	88.3	−3.3
	대조군	90.8	90.8	0.0
	전체	91.2	89.5	−1.7

임상시험 참가자의 혈액검사 결과, 시험기간 중에 총콜레스테롤, LDL Cholesterol, TG는 증가하였고 FBS는 감소하였다. 대조군의 변화를 보정하면 TG와 FBS가 감소하고 나머지는 거의 차이가 없었다.

임상시험 참가자의 비만관련 호르몬검사 결과, 레지스틴(인슐린저항성), 그렐린(공복), 렙틴(식욕감퇴)은 시험기간동안 다소 증가하고 아디포넥틴(인슐린민감성)은 다소 감소하였으나 시험군과 대조군 간의 차이가 크지 않았다.

표 IV-24. 사람에서 식이섬유 섭취자 비만관련 호르몬검사의 전후 비교

항목	구분	사전 (A)	사후 (B)	차이 (B-A)
Resistin	시험군	8.6	10.5	2.0
	대조군	9.9	12.6	2.7
	전체	9.2	11.6	2.3
Ghrelin	시험군	631.8	664.3	32.5
	대조군	611.9	635.9	24.0
	전체	621.7	649.9	28.2
Leptin	시험군	7.2	7.4	0.2
	대조군	6.3	6.9	0.6
	전체	6.8	7.2	0.4
Adiponectin	시험군	5,747.1	5,639.9	-107.2
	대조군	5,802.6	5,515.3	-287.3
	전체	5,775.3	5,576.6	-198.7

6) 연잎차 제다

연잎차도 비파차와 매우 유사한 방법으로 덖음차와 증제차를 제다해서 음용할 수 있다. 또, 잎 추출물을 이용 다양한 음료 개발도 가능하다. 잎 추출물과 홍삼 추출물을 혼합한 음료(연인의 차), 연잎 추출물 혼합 식혜 등도 상품화되고 있다. 녹차 잎과 연잎을 혼합한 브랜딩 떡차도 개발되어 유통되고 있다.

채엽	일광위조	잎 세절	엽맥 선별
1차 덖음(증제)	유념	2차 유념	비비기
발효기 숙성	건조기 건조	PE 필름 포장	차 추출

그림 Ⅳ-26. 연잎차 제다 공정

연잎차 외관   연잎차 탕색

그림 Ⅳ-27. 연잎차 엽색과 탕색

6. 삼기차

삼기차는 우리 몸에 좋은 백련잎, 비파잎, 녹차를 혼합해서 제조한 브랜딩 차다. 예로부터 백련잎은 불로식이라 하여 식용과 약용으로 많이 애용되어 왔다. 특히 심신을 맑게 하고, 정력을 좋게 하며, 피를 맑게 해주고, 어혈을 제거하고, 하혈을 멈추게 한다고 하였다 (산동중약). 백련잎은 더위를 풀고 체내의 불필요한 습기를 제거하며, 지혈작용도 한다

비파는 본초강목에서 갈증을 풀어주고 폐의 기를 다스리며 술독을 풀어준다고 하였다. 산후 입마름 치료에 효과적임은 물론 비파를 달인 즙을 마시면 소갈증(당뇨병)에도 효과가 있는 것으로 알려져 있다.

비파나무는 "허준선생"이 스승 유의태가 위암에 걸려 위독할때 먹었다는 이야기가전해 내려오는 귀한 나무이기도하다. 비파 잎차를 끓여 물마시듯 수시로 복용하면 테르테르펜 (마슬릭, 울소닉 등)성분이 있어 천식, 염증, 위궤양에 예방 효과가 있다.

헛개나무는 갈매나무과(科)에 속하는 낙엽활엽교목으로, 예로부터 본초학이나 식물도설에서 그 열매가 술독 해독, 정혈, 이뇨, 갈증해소, 해독작용을 한다고 돼 있으며, 특히 주독해소 및 간 질환에 효능이 우수하다고 알려져 있다. 최근, 헛개나무 열매자루(果炳)로부터 추출한 다당체인 'HD-1'이 간경화 방지와 알코올로 손상된 간 보호 효능이 뛰어난 것으로 밝혀졌다.

녹차는 폴리페놀을 많이 함유하고 있어 체내에서 항산화 작용으로 여러 가지 퇴행성 질병을 예방하는 것으로 알려져 있다. 카테킨, 카페인, 플라보노이드 성분은 혈압강하, 지질 개선, 콜레스테롤 저하, 심장질환 예방, 항염증 효과, 중금속 제거 등에 효과가 있는 것으로 알려져 있다.

삼기차 　　　　　 삼기차 시음회 　　　　　 삼기차 개발 설명회

그림 IV-28. 개발한 삼기차 시음과 제품 홍보

7. 브랜딩 과실차

과실은 당 함량이 낮은 반면, 비타민과 무기물, 생리활성물질(총폴리페놀 등)이 많이 함유되어 있어 매일 먹는 식품이다. 이러한 영양소와 기능성으로 인해 과실은 대부분 신선상태로 소비되고 있으나, 많은 건조과실, 즉 건포도, 각과류, 무화과, 참다래 등이 소비되고 있다.

과실 건조 절편을 단독 또는 브랜딩 한 과실 브랜딩 차가 유럽에서 유통되고 있다. 참다래, 사과, 감귤, 유자, 토마토, 오이 등 과실 절편과 발효차를 상호 브랜딩 한 50종의 레시피에 대해 각각 관능평가를 해서 시장성과 경제성이 있는 과실 브랜딩 차 3종을 개발하였다. 개발된 브랜딩 차 3종의 혼합비율은 티백 당 3 g을 기준으로 첫번째 홍차 1.6 g, 한라봉 1.0 g, 파인애플 0.1 g, 감귤 0.3 g의 브랜딩, 두번째 홍차 1.5 g, 감귤 1.2 g, 참다래 0.2 g, 레몬 0.1 g의 브랜딩, 세번째 홍차 1.2 g, 한라봉 1.0 g, 사과 0.5 g, 감귤 0.3 g의 브랜딩이다.

과실 브랜딩 차는 소비자가 좋아하는 다양한 과실의 향과 색상을 즐길수 있는 장점이 있다.

다양한 브랜딩 과실차와 추출물

그림 IV-29. 개발한 브랜딩 과실차

8. 뽕잎차

뽕나무(*Morus alba* L.)는 뽕나무과에 속하는 낙엽교목으로 높이 20 m, 직경 70 cm에 달한다. 작은 가지는 회갈색 또는 회백색이고 잔털이 있으나 점차 없어진다. 잎은 난상 또는 긴 타원형 난상이며 3~5개로 갈라지고 길이 10 cm로서 가장자리에 둔한 톱니가 있다. 또 끝이 뾰족하고 표면은 거칠거나 평활하며 뒷면의 엽맥 위에 잔털이 있다.

꽃은 2가화(二家花 : 암수의 꽃이 각각 다른 가지에 핌)로서 6월에 피고 열매는 길이 1~2.5 cm로서 6월에 흑색으로 익는다. 이것을 우리는 이것을 오디(mulberry)라고 한다. 전국 어디에서나 잘 자라며 내한성이 강하며 토심이 깊고 비옥한 토질에서 생장이 좋다. 뽕나무의 잎은 양잠에 있어서 필수적인 것이므로 일찍부터 재배를 권장하였다.

조선시대에는 대농가는 뽕나무를 300그루, 중농가는 200그루, 소농가는 100그루를 심게 하였다는 기록도 있다. 또 산에서 자라고 있어 소유주가 분명하지 못한 뽕나무도 엄중히 보호했다는 기록을 보면 양잠이 주요 소득작물이었다는 것을 알 수 있다. 요즘은 농촌 일손부족과 생산비가 높아 중국에서 양잠이 발달하고 있다.

경국대전 공전(工典)에 보면 각 고을에서는 옻나무, 뽕나무, 과일나무의 수 및 닥나무, 왕골밭, 대나무밭의 생산지에 관한 대장을 만들어 비치하고 옻나무, 뽕나무, 과일나무는 3년마다 대장을 정비한다고 하였다

뽕나무는 한방에서 잎, 줄기와 뿌리까지 다 이용하고 있다. 약효가 높은 차로 이용하기 위해서는 주로 10~11월 서리가 내린후 따서 잘게 썰고 햇볕에 말린다.

뽕잎은 풍을 제거하고 열을 내려 몸을 시원하게하고 눈이 밝아지는 효능이 있다. 뽕나무 열매는 간을 보호하고 신장을 이롭게 하며 몸을 시원하게 하고 기침을 멈추게하는 효과가 있다(향약대사전).

동의보감에서 뽕잎은 각기병과 몸이 붓는 증상, 소갈증(당뇨)에 효과가 있다고 하였고, 경국대전에서는 상엽이라하여 발열, 두통, 기침, 수종, 각기병 예방 효과가 있다고 하였다.

뽕나무의 껍질은 상백피(桑白皮)라 하는데, 이것은 칼로 바깥쪽 껍질을 긁어낸 다음 속의 흰 껍질을 벗겨 말린 것이다. 이 상백피에는 해열, 이뇨, 진해, 소종(消腫)의 효능이 있어 폐열해수(肺熱咳嗽) 등 치료제로 쓰였다.

차는 잎을 채엽해서 세척한 다음 솥에서 살짝 덖거나 시루에서 쪄 건조시킨다.

9. 쑥차

쑥(*Artemisia princeps* var. *orientalis*)은 다년초 식물로 들판의 양지바른 풀밭에서 자라며, 어린 순은 떡에 넣어서 먹거나 된장국을 끓여 먹는다. 우리나라에서 자생 쑥은 30종으

로 아려져 있는데 식용과 약용으로 구분해서 사용되고 있다. 쑥은 봄부터 가을에 걸쳐 자라지만 한방에서 약재료로는 단오(5월) 무렵에 수확한 잎이 가장 좋다. 쑥에는 무기질과 비타민이 많다. 특히 비타민A가 많아 약 80 g만 먹어도 하루에 필요한 양을 공급받을 수 있다. 쑥의 연한 잎을 말려 찐 다음 즙을 만들어 마시면 해열과 진통작용, 해독과 구충작용, 혈압강하와 소염작용, 복통과 토사·출혈 예방에 효과가 있다. 또한, 냉(冷)으로 인한 생리불순이나 자궁출혈 등에 사용한다. 여름에 모깃불을 피워 모기를 쫓는 재료로도 사용하였다. 한편 뜸을 뜨면 백혈구의 수가 평상시보다 2~3배나 늘어나 면역력이 생긴다고 알려져있다. 쑥을 식품으로 할 때는 삶아서 물에 담갔다가 먹는 것이 좋으며 말려두면 1년 내내 먹을 수 있다.

차 만드는 방법은 우선 쑥의 잎만 따서 잘 씻은 후 물기를 뺀 다음, 잘게 썰어 그늘에 3일 정도 말린 후 방습제를 넣은 통에 보관하면서 음용한다. 쑥 한 줌에 끓는 물 한 잔의 비율로 끓이는데, 다관에 쑥을 한 줌 넣고 끓는 물을 넣은 다음 5~10분 정도 우려낸 다음 마신다.

10. 조릿대차

대나무중에서 조릿대 (Sasa borealis) 줄기는 곧게 서며 높이 1~2 m, 지름 3~6 mm이고 포는 2~3년간 줄기를 싸고 있으며 털과 더불어 끝에 잎 조각이 있다. 우리나라 남부지역과 제주도 한라산에 군락을 이뤄 자생하는 것을 볼 수 있다.

맛은 달고 성질은 차다. 여름에 더위를 먹었거나 더위를 쫓는데 좋다. 조릿데 잎을 따서 그늘에 말려 두었다가 잘게 썰어서 차로 끓여 마신다. 탕색은 녹색과 갈색을 동반하고 있다.

11. 메밀차

메밀로 밥을 지어 말린 후, 이것을 볶아 물을 붓고 끓인 차로 강원도의 향토 음식이다.

메밀은 습한 것을 제거하고 혈압을 낮추며 소염 해독이 뛰어난 곡물이다. 허준의 《동의

보감》에서 '메밀은 성질이 평하고 냉하며, 맛은 달고 독성이 없어 내장을 튼튼하게 한다'고 하였으며, 중국의 《본초강목》에서는 '메밀이 위를 튼튼하게 하고 기운을 돋우며 정신을 맑게 하며 오장의 찌꺼기를 없애준다'고 하였다. 또한 일본의 《본조식감》에서는 '메밀이 마음을 평온하게 한다'고 설명하고 있다.

그러나 몸이 찬 사람, 소화가 잘 안되 설사나 물변을 보는 사람, 저혈압 환자, 위장이 허약한 사람은 메밀을 피하는 것이 좋다. 메밀차의 대표적 효능은 이뇨작용, 성인병 예방, 고혈압 예방, 간기능 향상 등이며, 다이어트에 효과가 있고 정신을 맑게 해 주는 기능이 있다. 또한 메밀은 다른 곡류에 비해 아미노산, 비타민, 리신 등의 영양소를 많이 함유하고 있어 건강식품으로 좋다. 메밀은 껍질을 벗겨 고슬고슬하게 밥을 짓고 약간 말려 둔다. 말린 메밀밥은 팬에 볶는다. 솥에 볶은 메밀을 넣고 물을 부어 끓이면 구수한 맛이 우러나는 메밀차가 완성된다

12. 루이보스차(Rooibos tea)

이차는 남아프리카 시데버그 산(cederberg mountain, 해발 2026m)에서 온 붉은 관목(red bush)라는 뜻을 갖고 있다. 루이보스차는 설탕을 첨가하지 않아도 단 맛을 갖고 음용 후 건조과실 맛을 갖고 있다. 이 차는 적갈색을 나타내기 때문에 붉은차(red tea)로 불리기도 한다. 카페인을 함유하고 있지 않아 카페인에 예민한 사람들이 음용하기에 좋다.

머리카락 생장을 촉진하고 탄력을 준다. 위장통증, 두통, 불면증, 짜증, 항산화, 면역증진에 효과가 있다.

남아프리카 시덴버그산

루이보스 차 소재(관엽)

루이보스차 탕색

그림 IV-30. 루이보스차 산지와 차

13. 유자차

유자는 분류학상으로 운향과(芸香科), 감귤속(柑橘屬), 후생감귤아속(後生柑橘亞屬)에 속하며, 후생감귤아속 중에서 가장 오래된 과수로서 원산지는 중국의 양자강 상류로 알려져 있다. 세계적으로 보면 우리나라, 일본, 인도의 아쌈지방에서 재배되고 있다. 우리나라에서는 전남, 경남, 제주도의 남부 해안지방에서 재배되고 있다. 우리나라에 유자가 유래된 것은 자세한 기록은 없지만, 신라 신문왕 2년 (840년) 장보고가 당나라 상인으로부터 들여온 것으로 알려져 있으며 세종실록 31권에도 재배한 기록이 있다. 우리나라 유자 재배면적은 15년 현재 총 1,584ha이며 이중에서 고흥 484ha, 거제 143, 남해 34ha를 차지하고 있다.

유자의 헤스페레딘이라는 물질은 비타민 P와 같은 효과를 나타내어 모세혈관을 보호하고 강하게 하는 힘을 갖고 있다. 따라서 뇌혈관 장애로 일어나는 풍에 유자가 좋다(본초강목). 그 밖에도 새큼한 맛의 성분인 구연산이 4%가량 들어 있어 몸의 피로를 풀어주고 소화액의 분비를 도와주기도 한다. 또 칼슘, 칼륨 등의 무기질도 많이 들어 있다

유자차가 감기 치료와 피로 회복에 좋은 것도 비타민 C와 구연산 때문이다. 쌀을 주식으로 하는 한국인에게 부족한 비타민 B_1은 사과나 복숭아의 10배, 단감이나 바나나의 3배나 들어 있다.

유자차는 유자 과육을 제거한 다음, 과피를 2~3 cm 두께로 절단한 다음 유자와 설탕을 1:1로 혼합해서 병속에 넣고 차로 달여 마시면 된다. 유자차는 오랜 예날부터 비타민 C가 풍부해 환절기 감기예방용으로 널리 음용해 왔다.

유자 　　　　　　　　　유자과실 내부조직 　　　　　　　　　유자

그림 IV-31. 유자 과실과 유자차

14. 허브차

대용차로서, 계절별 기호성과 함께 강한 향을 갖고 있는 것이 허브차다. 허브차는 잎(줄기)을 이용하는 케모마일, 페퍼민트, 라벤다, 로즈마리, 바질, 꽃을 이용하는 연꽃, 구절초, 아카시아, 매화 등이 있다.

차 제다를 위해서는 개화 전 채취해서 세척, 세절, 건조한 다음 습기가 들어가지 않는 밀봉된 용기에 넣어 보관한다. 차는 끓는 물에 3~5분간 추출해서 음용한다.

허브차는 향이 우리 몸과 마음의 긴장을 해소하면서 기분을 좋게해 줘 심신피로회복, 정서안정, 스트레스 해소, 소화촉진에 도움이 된다. 최근, 허브정원에서 힐링하는 찻집과 정원이 증가하고 있다.

【참고문헌】

마승진, 임슬기, 박수현. 한국산 미생물 발효차와 중국산 보이차의 세포학적 관점에서 항당뇨 신증 효과에 대한 비교분석. 한국차학회지 19(3), 85-90, 2013.

정재천, 최정연, 최문희, 손영란, 조정용, 김선재, 문제학, 박근형, 마승진. 차나무의 품종, 부위, 채 취시기에 따른 향기생성 효소의 활성과 향기배당체의 함량. 한국차학회지 18(4), 74-80, 2012.

김수로, 이형재, 강성구, 현숙희, 조정용, 마승진, 박근형, 문제학. 보이차의 품질정도 및 저장기간 에 따른 Methyl Caprate의 함량 변화. 한국차학회지 18(1), 50-55, 2012.

강대진, 이성희, 마승진, 은종방. Aspergillus niger를 이용하여 제조한 미생물 발효차의 발효 중 화 학적 특성 변화. 한국차학회지 16(3), 81-87, 2010.

조정용, 문제학, 박근형, 마승진. 발효차의 향기(I) -홍차 및 우롱차의 향기생성 메커니즘. 식품과 학과 산업 40(3), 59-65, 2007.

조정용, 문제학, 박근형, 마승진. 발효차의 향기(II) -동방미인차의 향기성분 및 발현 유전자. 식품 과학과 산업 40(4), 49-54, 2007.

T. Takeo. Production of linalool and geraniol by hydrolytic breakdown of bound forms in disrupted tea shoots. Phytochemistry 20, 2145-2147, 1981

S.J. Ma, M. Mizutani, J. Hiratake, K. Hayashi, K. Yagi, N. Watanabe and K. Sakata. Substrate specificity of β-primeverosidase, a key enzyme in aroma formation during oolong tea and black teamanufacturing. Biosci. Biotechnol. Biochem. 65, 2719-2729, 2001

M. Mizutani, H. Nakanishi, J. Ema, S.J. Ma, E. Noguchi, M.F. Mizutani, K. Ochiai, Y. Tanaka and K. Sakata, Cloning of β-primeverosidase, a key enzyme in aroma formation from *Camellia sinsesis* var. *sinensis* cv. Yabukita. Plant Physiology 130(4), 2164-2176, 2002

J.Y. Cho, M. Mizutani, B. Shimizu, T. Kinoshita, M. Ogura, K. Tokoro, M.L. Lin, K. Sakata, Chemical profiling and gene expression profiling during the manufacturing process of Taiwan oolong tea "Oriental Beauty". Biosci. Biotechnol. Biochem. 71, 1476-1486, 2007.

L. Huiling, Y. liang, J. Dong, J. Lu, H. Xu, and H. Wang Decaffeination of fresh green tea by hot water treatment. Food Chemistry 101, 2007.

Y.S. Park, M.K. Lee, B.G. Heo, K.S. Ham, S.G. Kang, J.Y. Cho and S. Gorinstein. Comparison of the nutrient and chemical contents of traditional Korean Chungtaejeon and green tea. Plant Foods Hum Nutr 65, 2010.

K. Karki, N. Sahi, E.R. Jeon, Y.S. Park and D.W. Kim. Chungtaejeon, a Korean fermented tea, scarvenges oxidation and inhibits cytokine induced proliperation and migration of human aortic smooth muscle cells. Plant Foods Hum Nutr 66, 2011.

김동희. 가바차와 녹차의 주요성분 및 생리활성 비교. 목포대학교 국제차문화학과 석사학위 논문, 2007.

유현희. 채엽시기에 따른 청태전의 맛 및 주요성분 변화. 목포대학교 국제차문화학과 석사학위논문, 2007.

김종덕. 국내산 두물 찻잎을 이용한 고품질 발효차 개발. 목포대학교 국제차문화학과 박사학위 논문, 2016.

박용서, 박장현. 녹차에서 가바증진 및 이를 이용한 기능성 제품 개발. 연구보고서, 목포대 지역특화센터/농림수산식품부, 2008.

박용서, 조기정, 허북구, 이미경, 임명희, 이순옥, 유현희, 김수희. 고부가가치 전통차, 생약초 제품 연구개발 용역. 전통차(청태전)보고서, 목포대 지역특화센터/장흥군, 2008.

박용서, 조민관, 코삭토, 김보라. 비파 성분 분석을 통한 제품개발의 방향 설정 및 시제품 생산 연구. 연구보고서, 목포대 지역특화센터/완도군, 2008.

박용서, 김동욱, 신준호, 이미경, 임명희, 신봉순, 유현희. 연 수확후 저장, 가공기술 개발 및 기능성의 임상적 연구. 연구보고서, 목포대 지역특화센터/농림수산식품부, 2010.

박용서, 이미경, 신봉순, 김동희, 임명희, 성경숙. 외국산 발효차 수입대체를 위한 전통 병차와 황차 상품화 용역. 연구보고서, (사)남도다류연구원/전라남도, 2012.

정동효. 차의 성분과 효능, 홍익제, 1980.

정동효, 김종태. 차의 과학, 대광서림, 1997.

최혜미. 영양과 건강이야기, 라이프사이언스, 2002.

조신호, 조경련, 강명수, 송미란, 주난영. 식품학, 교문사, 2002.

오쿠무라 고 저. 이계성 역. 3일만에 읽는 면역, 서울문화사, 2004.

김인철, 정순택, 마승진, 손영란. 전통식품 가공, 이학사, 2008.

천종은 외 17인. 명차만들기, 한솜미디어, 2009.

마승진, 신기호, 박용모. 미생물발효차의 이해, 선명출판, 2009.

허북구, 김병운, 박용서, 박윤점, 박삼균, 임명희, 장홍기. 연 재배의 이론과 실제, 좋은땅, 2010.

P. Parham 저. 서영훈 외 5인 역. 면역학, 라이프사이언스, 2011.

정승호. 티소믈리에 이해, 한국티소믈리에연구원, 2015.

伊奈和夫, 茶の化學成分と機能, I&K Corporation, 日本, 2002.

坂田完三. 中國黑茶のすべて, 辛書房, 日本, 2004.

저자약력

조기정

전남대학교 사범대학 외국어교육과 졸업
동 대학원 중어중문학과 졸업(문학박사)
중국 煙台大學 교환교수
전북대학교 초빙교수
중국 廣西師範大學 초빙교수
목포대학교 기획연구처장
중국인문학회 회장
광주 · 전남 지역혁신협의회 운영위원
대한민국차품평대회 심사위원
臺灣 中興文藝獎(漢語音韻獎) 수상
중국 山東省 外國文敎專家 敎學獎 수상
(현) 목포대학교 인문대학 중어중문학과 교수
(현) 목포대학교 대학원 국제차문화과학과 주임교수
(현) 목포대학교 국제차문화 · 산업연구소 소장
(현) 한국차문화학회 회장
(현) 격월간《차와 문화》기획위원
(현) 동서비교차문화연구회 부회장

저서
《동서양의 차문화》《한 · 중 차문화 연구》외 15권

역서
《압록강은 말한다》

논문
<漢語聲母變遷硏究> <중국차의 분류 고찰> 외 50여 편

박용서

전남대학교 농과대학 원예학과 졸업
동 대학원 졸업(농학박사)
미국 캘리포니아 주립대학 교환교수
농림수산식품부 · 농림기술관리센터 전문위원
전라남도 농업예산개편위원
농촌진흥청 · 전라남도농업기술원 겸임연구관
전라남도농업산학협동심의위원
참다래산학연협력단장
전국지역전략작목산학연협력단발전협의장
한국원예학회 부회장
한국원예학회 우수 논문상
농림기술대상 수상
농림수산식품부장관 · 농촌진흥청장상
목포대학교 연구·산학협력 · 연구비수주 우수교수
(현) 목포대학교 자연대학 친환경바이오융합학과 교수
(현) 목포대학교 지역특화작목산업화센터장
(현) 목포대학교 친환경바이오융합인력양성사업단장
(현) 다류상품화인력양성과정장
(현) 전라남도 농업정책자문위부위원장
(현) 농촌진흥청 현장명예연구관
(현) aT 농식품유통공사 광주 · 전남자문위원
(현) 빛가람혁신도시기획위원 · 농생명분과위원장

저서
1000년 신비의 청태전 외 15권

논문
<청태전 기능성 연구> 등 SCI 논문 80편, <발효차 연구 등> 비 SCI 논문 60여 편

마승진

목포대학교 공과대학 식품공학과 졸업
일본 京都大學 대학원 응용생명과학과 박사 (농학박사)
일본 京都大學 화학연구소 연구원
미국 UC Davis 암연구센터 연구원
한국식품과학회 정보간사
한국차학회 총무이사
식품의약품안전처 전문위원
전라남도 특화작목산학협력단 기술전문 위원
전라남도 생물산업지원센터 운영위원
보성군, 진도군 지역협력단 자문위원
장흥군, 영암군 식품 클러스터 운영위원
목포대학교 연구 · 산학협력 우수교수
(현) 목포대학교 공과대학 식품공학과 교수
(현) 목포대학교 남도전통문화산업화연구소장
(현) 목포대학교 식품산업지역혁신센터 연구부장
(현) 한국차학회 상임이사

저서
미생물발효차의 이해, Method in Enzymology 외 10권

논문
SCI 논문 30여 편, 비 SCI 논문 60여 편

특허
국제특허 4건, 국내특허 60건